AF345170

HISTOIRE

ET

CULTURE DES LYS

SUIVIE

D'UN PRÉCIS

SUR LA CULTURE DES MELONS

Et sur la nature des sols ainsi que des engrais qui conviennent
à chacun d'eux, avec l'époque des semis à faire mois par mois ;

Par THIERY,

Agriculteur, Horticulteur, Marchand Grainier-Fleuriste et Pépiniériste,
NEVEU et Successeur de B. TOLLARD, Membre de la Société
centrale d'Horticulture de France et d'Agriculture de Bruxelles
et de plusieurs autres Sociétés, auteur du Traité sur la guérison des
pommes de terre, etc.

Prix : 1 fr. 50 c.

PARIS.

Chez M. THIERY, Marchand Grainier, quai de
la Mégisserie, 70 ;

Et chez les principaux Libraires de France
et de l'Etranger.

—

1855.

Typ. VINCHON, rue Jean-Jacques Rousseau, 8.

PRÉFACE.

Quand l'homme veut considérer la nature et ses beautés, soit en elles-mêmes, soit dans l'ensemble magnifique qu'elles offrent à ses regards, il demeure étonné à la vue de tant de merveilles. Rien de plus propre que cette variété, dans une si admirable unité, pour le porter à élever les yeux de son intelligence vers l'Être-Suprême qui doit idéaliser dans ses perfections infinies ce principe d'ordre que le naturaliste chrétien ne cesse d'admirer. Pas un être, dans une si vaste échelle, qui n'ait sa raison d'être, sa beauté, son utilité distincte de tout autre ; pas un aussi qui échappe à ces lois générales de vie, de mort, de résurrection , d'après lesquelles il prouve que Dieu a fait tout ce qui existe. Vous trouverez ce prodige partout ! Philosophes, physiciens, géologues, tous tombent d'accord ! Ma destinée, à moi, est de l'examiner dans les plantes. Parmi ce vaste monde, je choisis aujourd'hui pour point de mire de mes observations la tige éclatante du lys, à fleur candide, appelé *le roi des fleurs*, comme la rose en est la reine.

C'est un petit ouvrage, fruit de mes veilles et de mes travaux, que je destine à tous les amis de la science, et à tous ceux qui, en se récréant, désirent apprendre et s'instruire. Vous y trouverez tous quelque point attrayant, pourvu qu'il y ait dans vos cœurs, comme elle y est en effet, une fibre sensible à quelque douce émotion, à quelque pensée religieuse, qui est l'indulgence même.

A l'ami du beau, du bon, de l'utile, ces considérations feront voir que si l'homme, ici-bas, est l'objet, dans ses moindres jouissances, des attentions de Celui qui le créa, elles ne doivent pas s'arrêter devant la tombe ; au chrétien, elles rappelleront les pensées les plus sacrées ; à celui que des souvenirs héroïques, un passé glorieux transportent, la pureté, la noblesse de ses sentiments symbolisés dans la plus belle de toutes les fleurs, le lys.

Oui, c'est du lys que je viens vous entretenir, chers lecteurs. Parmi vous, ceux qui se livrent à l'étude de la nature trouveront ici, peut-être, quelques pensées utiles, quelques données précieuses que j'ai puisées dans ceux de mes devanciers qui ont passé, comme nous le dit l'Écriture, par les plaines plantées de lys : *pascitur inter lilia;* qui s'en sont nourris comme l'abeille, d'après les mêmes textes. Ce n'est pas le seul endroit de ce livre sacré, la plus respectable autorité qui existe, où il soit parlé des lys. En effet, Moïse, le plus ancien de tous les écrivains, de l'*aveu des incrédules* eux-mêmes, fait entrer le lys parmi les plus beaux ornements qui doivent décorer les objets sacrés destinés au culte du vrai Dieu. Il en est expressément parlé au livre de l'Exode, dans la confection du chandelier d'or, de la mer d'airain; et, d'après quelques interprètes, il faudrait regarder comme fleurde-lysées ces magnifiques draperies qui tapissaient l'intérieur du tabernacle, cachaient le Saint des saints, et que l'Écriture désigne sous le nom général d'hyacinthe, mot qui, en hébreu, est un dérivé de celui qui désigne le lys ; du moins est-il sûr que Salomon, qui, dans la construction du temple, se conforma, le plus qu'il put, au dessin du tabernacle de Moïse, fit sculpter des lys d'or et de cèdre dans tout l'intérieur, sur les lambris du sanctuaire. Josèphe, l'historien, prétend que la verge fleurie d'Aaron était un lys. Le même auteur, et après lui Eusèbe, parlent, dans l'entrevue de ce puissant roi avec la reine de Saba, d'une corbeille de fleurs que cette princesse lui offrit (1), et dans laquelle se trouvaient mêlés à des lys artificiels plusieurs calices naturels de cette même espèce de fleurs, lui demandant, pour éprouver sa sagesse, quelles étaient les vraies fleurs. Les mêmes auteurs disent que Salomon se contenta, pour toute réponse, de les exposer à la discrétion des abeilles de sa terrasse. Quoi qu'il en soit de ce fait, dont il n'est pas parlé dans l'Écriture, il est certain que les lys y figurent souvent. L'histoire profane ne manque pas non plus de monuments très-précieux à cet égard. On sait que les vestales se couronnaient de lys. Les prêtresses de Rome et d'Athènes en faisaient de magnifiques guirlandes. A Memphis, et dans toute l'Égypte, il était adoré comme le dieu du royaume des fleurs. Certes, il ne pouvait en être autrement chez un peuple pour qui tout était Dieu, excepté Dieu lui-même, selon la sublime expression de Bossuet.

Et dans les grandes et anciennes monarchies de l'Orient, ne voyons-nous pas le lys en être comme pour ainsi dire la fleur symbolique? C'est là, en effet, que l'on en place l'origine. L'Asie, berceau du genre humain, l'est aussi de

______

(1) Ce qui prouve que l'art de faire des fleurs artificielles ne datait pas de ce temps-là; le bouquet devait être bien fait pour imiter les fleurs; et dire que ce pays, jadis si civilisé, est aujourd'hui barbare!! Quelle leçon!... car c'est l'abus de liberté qui le perdit, et le conduisit à d'autres abus aussi nuisibles.

cette fleur candide. Il est cependant vrai de dire que l'on en a trouvé des espèces en Europe : Haller l'a découvert en Suisse, et Decandolle dans les montagnes du Jura, éloignées de toute habitation. Mais rien ne nous empêche de croire qu'ils furent transportés dans notre belle patrie par les Galates, peuples d'origine gauloise et qui durent nécessairement entretenir de fréquentes relations avec leur mère à une époque déjà bien éloignée de nous. Nous lisons, en effet, dans les historiens des temps héroïques de la Gaule, que les druidesses mêlaient à leur parure le lys et les feuilles de chêne. Dans des jours chers à tous les Français, le lys joua un bien beau rôle parmi eux ; Navarin et Alger virent encore briller cette fleur que Jeanne - d'Arc savait montrer aux ennemis de la France ; et c'est avec cette belle fleur que la noble fille de Lorraine, surnommée *Pucelle d'Orléans*, sauva la France de ses oppresseurs ; car, quoique saint Louis soit le premier qui ait fixé les fleurs de lys pour décorer les armes de la monarchie, dès longtemps avant ce grand roi, elles brillaient sur les cottes d'armes des Francs et des Bourguignons. Et le nom de Louis, comme celui de Clovis lui-même, n'est-il pas un composé du mot *lys*, comme les savants le font très-bien remarquer. Mais je sortirais des bornes que je me suis fixées si je prolongeais davantage cette préface, puisque c'est plus une dissertation botanique que philosophique que j'entreprends sur le lilium et les quarante espèces que les plus savants botanistes, après Linné, reconnaissent appartenir à la même famille.

Cette grande famille du lilium se divise en un grand nombre d'espèces qui elles-mêmes se subdivisent en plusieurs variétés. En 1542, *Fuchs* en décrivait trois espèces principales ; en 1557, *Clusius,* dix ; en 1581, Lobel, six ; en 1680, Morison, dix ; en 1623, Bouhin en compta et décrivit vingt-sept espèces ; quelques années plus tard, Tournefort en porta (1719) le nombre à vingt-sept ; et, enfin, il y a un siècle, Linné, profitant des recherches et des études diverses de ses prédécesseurs, décrivit de nouvelles espèces, leur assigna des caractères, et en limita le nombre à huit, en classant, dans ces huit divisions principales, toutes les variétés connues.

Depuis, par de nombreuses découvertes, cette riche collection s'est accrue de nouvelles espèces, et, grâce aux savants et courageux voyageurs Thunberg et de Siebold, de Bieberstein, de Fischer et de Wallich, au Japon, en Sibérie, aux Indes, on compte aujourd'hui quarante-quatre espèces de lys et un bien plus grand nombre de variétés.

Voulant donner avec ordre la description et la culture de chaque espèce, nous avons adopté la division que nous avons cru la plus logique et la plus vraie; nous aidant des travaux consciencieux de quelques-uns de nos prédécesseurs, nous diviserons le genre en deux grandes familles principales que nous subdiviserons ensuite en quarante-quatre espèces, dont nous allons donner ici, aussi court que possible, la description et la culture.

Avant de terminer, je prie ceux qui voudront bien prendre connaissance de mon travail, de me transmettre des observations et des réflexions que je recevrai avec reconnaissance, et comme un témoignage de leur bienveillante attention pour moi.

THIERY.

Paris, le 2 mars 1855.

GRANDE FAMILLE

DES

LILIUM,

FLEURS DROITES ET FLEURS PENCHÉES.

**Feuilles linéaires ou lancéolées ; fleurs blanches
à divisions allongées**.

---

1. **Candidum** (*lys blanc commun*). Tige de 1 mètre
à 1 mètre 50 centimètres ; feuilles éparses, diminuant
sensiblement de grandeur jusqu'au sommet de la tige ;
fleurs nombreuses, à odeur pénétrante ; pétales d'un
beau blanc pur, étamines à filament blanc, anthères
arrondies légèrement, ovoïde jaune, pollen safrané,
style triangulaire légèrement cannelé.

Originaire d'Orient, mais anciennement connue et
répandue en Europe , cette espèce est sans contredit
une des plus belles du genre et surtout la plus odorante; son port est riche et majestueux, à moins que
son feuillage ne soit détruit par de petits insectes
rouges, appelés criocères, qui vont s'y accoupler, y

déposer leurs œufs, rongent les feuilles, et détrui-
sent même les tiges et les fleurs. Le seul moyen d'en
débarrasser ces plantes est de les visiter souvent et
de tuer ces insectes dévorants.

Sa culture est des plus simples; tout terrain lui
convient, pourvu qu'il ne soit pas trop humide; toutefois une terre substantielle lui est des plus favorables,
mais il faut éviter de le changer de place : la floraison
en souffre cependant; on est obligé, tous les trois ou
quatre ans, de les lever pour en séparer les caïeux, qui,
sans cela, feraient pourrir l'oignon principal. L'époque
la plus favorable pour la séparation des caïeux est
le mois d'août.

Lilium candidum striatum, le lys blanc à fleurs
striées, ne diffère du type que par la présence sur le
milieu des pièces florales, de macules roses formant
ensemble des lignes. Cette variété peu répandue
mérite d'être cultivée; elle est aussi rustique que
le L. Candidum, double ou en épis, inodore, dont la
tige, au lieu de porter des fleurs bien faites, se termine
par un long épi de pétales blanc imbriqué.

L. C. purpureum-variegatum, à pétales vergetés
de rouge, qui s'annonce sur les feuilles et sur les
écailles du bulbe : de là son nom de lis ensanglanté.

L. variegatum ; L. à feuilles panachées; L. margi-
natum à feuilles bordées. Même culture, bonne terre.

Il faut avoir soin, dans ce cas, de les remettre aussitôt à 14 centimètres de profondeur. De la cendre
de bois, mélangée avec la terre, leur est très-favorable.

Des horticulteurs ont cru bien faire en conseillant de planter en n'enterrant l'oignon que jusqu'aux racines ; pour les oignons déjà malades, ceci est une très-mauvaise méthode ; j'en ai fait l'essai plusieurs fois, et chaque fois je les ai perdus. Ce mode de culture est bon pour les amaryllis.

En septembre et en octobre, de nouvelles feuilles se montrent, mais la tige ne pousse qu'en avril et la floraison se produit en mai et juin.

La beauté du port, l'éclat des fleurs, et surtout l'odeur suave que cette espèce répand dans tout un jardin la font rechercher entre toutes. Mais il serait imprudent d'en renfermer beaucoup dans un appartement : il en peut résulter de funestes accidents.

2. PEREGRINUM, Lilium Byzantinum Martagon de Constantinople. Tige de 80 centimètres à 1 mètre, anguleuse au pied, arrondie en tête, peu feuillues, et feuilles éparses ; fleurs au nombre de une à dix ; corolles campanulées, penchées ; pétales blancs, aigus, légèrement ondulés, rétrécis et séparés à la base ; étamines à filaments courts, blancs ; anthères ovales arrondies, jaunes ; pollen safrané ; style trigone.

Originaire de Constantinople. Les naturalistes le regardent comme une variété du lys candidum, et son introduction se rattache à la précédente. Parfois la tige devient large et plate et produit alors soixante ou quatre-vingts fleurs ; mais c'est un phénomène attribué à une surabondance de sucs nutritifs, et ce phénomène ne se renouvelle jamais deux années de suite.

Le lys peregrinum, à fleur pendante, fort commun dans nos collections, en a presque totalement disparu, par suite de l'indifférence où, pendant plusieurs années, étaient tombées les plantes bulbeuses ; depuis que ce genre a repris faveur, nous avons vu de magnifiques sujets qui, du reste, ne demandent pas d'autre culture que le lilium candidum. Il vient fort bien en pleine terre dans tous nos jardins.

3. **Thomsonianum**. Tige de 70 centimètres à 1 mètre, arrondie, verte et presque lisse ; feuilles molles, éparses, alternées, allongées, linéaires et aiguës ; fleurs au nombre de une à huit, en grappe pyramidale ; pédoncules courts et garnis de petites feuilles sessiles lancéolées ; corolles campanulées, très-ouvertes et horizontales ; pétales d'un beau rose, ovales, renversés, lancéolés, légèrement réfléchis en dehors, rétrécis à leur base et marqués d'une tache rouge foncé ; étamines à filaments inclinés de la longueur des pétales ; anthères ovales oblongues ; style un peu penché et cinq fois plus long que l'ovaire, stigmate tripartite, capsule en forme de toupie.

Cette rare et magnifique variété est originaire de Mussoorée, d'après Lindley. Elle fut d'abord observée par les compagnons du docteur Wallich, qui la classèrent dans les lys. Forbes Royle, au contraire, la classa dans les fritillarius et lui donna le nom du docteur Thomson.

Originaire d'un climat chaud, le lilium thomsonianum doit être élevé, l'hiver, dans une orangerie;
il faut l'arroser un peu et avec beaucoup de ménage-
ment , car, à cette époque, les bulbes étant au repos,
craignent beaucoup l'humidité. Une terre de bruyère,
légèrement mêlée de sable et de terreau, lui est particulièrement favorable. Ce beau lilium a fleuri en
Angleterre, dans les serres de **M.** Loddiges, en 1844.

4. **NEPALENSE.** Tige de 40 à 60 centimètres, glabre,
lisse; feuilles inférieures éparses, elissoïdes, oblongues
et pointues; les supérieures verticillées , c'est-à-dire
rangées circulairement par étage, autour de sa tige,
uniflore, à corolle campanulée et penchée ; pétales
glabres, aigus à leur sommet, à onglet, rétrécis ; intérieur blanc, légèrement teinté de rose.

Observée par le docteur Wallich sur les plus hautes
montagnes du Népaul, elle a reçu le nom de cette
riche vallée. Originaire, comme le lilium thomsonianum, de pays chauds, le lys nepalense demande
la même culture que ce premier, les mêmes soins, et
se plaît dans les mêmes terres.

5. **JAPONICUM** (1). Tige de 80 à 90 centim., arron-

---

(1) Le lilium odorum est considéré comme lilium japonicum dans
le Botanical Cabinet de Loddiges et dans l'Herbier général de l'amateur. Un mélange de terreau, de feuilles et de terre argileuse, mis
dans un coffre froid, et recouvrir de châssis pendant l'hiver. Quand
on plante les oignons, il faut les entourer de sable mêlé de suie.
M. Vanhoutte se trouve bien de ce mode de culture; il m'a réussi pour
d'autres lys.

die, glabre, verte et luisante; feuilles peu nombreuses, éparses, alternes, radicales et caulinaires, lancéolées, pointues, rétrécies en pétioles à la base; mais cependant sessiles, longues de 4 pouces, vertes dessus, plus pâles en dessous, à trois ou cinq nervures. Fleur très-odorante, des plus grandes du genre, mais ordinairement solitaire ; pédoncule glabre ; corolle longue de 4 pouces, infondibuliforme, campanulée, horizontalement penchée ; pétales elliptiques, allongés et peu ouverts, d'un blanc pur en dedans, légèrement lavé de pourpre en dehors, surtout à la base; étamines à filaments blancs ; anthères arrondies, ovales, jaune foncé; pollen brun clair; style blanc, triangulaire, à peine plus long que les étamines et supportant un stigmate verdâtre à huit cannelures. Cette espèce, observée au Japon par Thunberg, fut importée en Europe par le capitaine Kirck-Pawick, de la compagnie des Indes orientales, en 1804, et bientôt elle fut répandue dans toutes les collections. Depuis elle est devenue fort rare, ce qui fait supposer qu'elle n'a pu résister à l'hiver de 1838-39. Quelques auteurs la confondent avec l'espèce suivante, lilium Brownii, mais c'est une erreur.

Le lilium japonicum veut, ainsi que plusieurs autres variétés que nous détaillerons plus bas, une terre de bruyère mélangée d'un quart de sable blanc. Il s'élève bien en pleine terre, en ayant soin de le couvrir l'hiver avec du paillis ou des feuilles sèches; on ne le découvre qu'au mois d'avril pour fortifier la plante petit à petit et avec précaution, et ne pas compromettre, par trop de précipitation, la floraison qui s'effectue en juin et en juillet.

La multiplication se fait par la séparation des caïeux et par la division des écailles du bulbe, après la floraison ; pour les multiplier, il faut avoir soin de mettre les jeunes caïeux et les écailles dans de la terre de bruyère mélangée de beaucoup de sable blanc. On peut encore les multiplier au printemps en les enterrant un peu profondément, et de jeunes caïeux se forment au pied de la tige. Il faut, autant que possible, relever les bulbes chaque année, les nettoyer, puis les remettre en pleine terre, à moins qu'on ne préfère les élever en pots, mais, alors, les mettre l'hiver dans une bonne orangerie, en leur donnant fort peu d'arrosement.

6. Brownii. Tige de 1 mètre à 1 mètre 30 centim., simple, droite, glabre, verte, tachetée et striée de pourpre, presque noirâtre dans le bas ; feuilles caulinaires, éparses, sessiles lancéolées, pointues, pendantes et longues de 5 à 6 pouces, glabres de chaque côté, vert foncé et luisant dessus, plus pâle dessous, à cinq ou sept nervures, celle du milieu très-saillante. Les feuilles supérieures, larges, lancéolées, forment un verticille de quatre ou cinq.

Magnifique fleur de une à quatre, solitaire, géminée ou en ombelles. Pédoncules longs de 3 ou 4 pouces, arrondis, glabres, verts ; corolle campaniforme, tubulée, penchée, très-grande et très-ouverte ; pétales lisses, lancéolés oblongs, un peu réfléchis, d'un blanc mat à l'intérieur, nuancés d'une bande pourpre à l'extérieur; étamines à filaments déclinés, légèrement aplatis à leur base et arrondis à leur sommet; anthères ovales oblongues; pollen brun clair; style blanc-vert, arrondi; stigmate à trois cannelures; capsule.

L'origine du lilium Brownii n'est pas connue. Van Siebold le croit originaire du Népaul; d'autres prétendent qu'il se trouve à l'état de nature en Chine et au Japon. C'est le plus grand nombre des horticulteurs qui croient cette version.

La date de son introduction n'est pas très-exactement connue, mais elle paraîtrait remonter vers **1835** ou **1836**, car **M. Miellez de Lille** le rapporta d'Angleterre en **1837**. Cette espèce était toute nouvelle à cette époque, et elle ne fleurit qu'en juin **1841**, à l'exposition d'horticulture de Lille, sous le nom de Brownii.

Sans discuter la date certaine de son introduction, et quoique beaucoup d'horticulteurs le confondent avec le lilium japonicum, nous le maintenons cependant une espèce tout à fait distincte de cette dernière. Il se trouve aussi dans quelques collections sous le nom de japonicum *verum*. Les horticulteurs hollandais le mentionnent sous ce nom dans leurs catalogues; mais chez eux il faut si peu de choses pour faire une variété, qu'il faut être bien connaisseur pour ne pas se tromper. Même culture et mêmes soins que pour le japonicum, c'est-à-dire, pleine terre légère, garanti en hiver; il se cultive aussi en pot sous couche et en orangerie, mais fort peu d'eau dans ce cas.

7. **Longiflorum.** Tige de 40 à 60 centim., ronde,

droite, simple, verte, glabre et peu feuillue ; feuilles éparses, lancéolées, sessiles et serrées contre la tige, longues de 3 à 4 pouces, légèrement recourbées en dehors, vertes dessus, un peu plus pâles dessous, à trois nervures profondes ; pédoncules longs de 3 pouces, arrondis, verts, portant de une à trois fleurs ; corolles tubulées, campaniformes, penchées, longues de 5 pouces ; pétales unis, un peu réfléchis en dehors, d'un beau blanc pur à l'intérieur, à l'extérieur d'un blanc sale ; étamines blanches à filaments plus courts que le style ; anthères lancéolées oblongues ; pollen jaune ; style blanc, arrondi en cylindre ; stigmate trilobé blanc tirant sur le vert ; capsule ; bords angulaires, aigus.

Ce lys, originaire du Japon, près de Naugaraki et Meaco, fut d'abord observé par Thunberg qui le confondit avec le candidum ; mais l'ayant comparé, il lui donna le nom de longiflorum, à cause de la forme de sa fleur.

Même culture que les précédentes ; aussi délicat, il demande les mêmes soins et les mêmes précautions pendant l'hiver et pendant la floraison.

8. **Wallichianum.** Tige de 1 pied, grêle, très-feuillue et généralement uniflore ; feuilles éparses, sessiles, linéaires, très-ponctuées, très-nombreuses et très-rapprochées ; fleur solitaire très-odorante ; corolle penchée, tubulée, campaniforme ; tube long ; pétales ouverts, blancs ; étamines à filaments blancs, à anthères lancéolées oblongues ; pollen jaune ; style

blanc, cylindrique; stigmate trilobé, blanc verdâtre.

Cette espèce, qui a beaucoup d'analogie avec la précédente, lui ressemble aussi en divers points. Elle a été observée par Wallich dans les montagnes et les forêts de Sheapore, au Népaul. L'Orient nous a donné la plus connue d'entre ces espèces, L. album. Le Japon en a fourni trois, L. longiflorum, L. eximium, L. japonicum (1). Deux autres également particulières à la région Himalayenne, L. nepalense, L. Wallichianum, acquis à l'Europe depuis 1825. Elle demande les mêmes soins et la même culture que le lilium japonicum, que nous avons décrit plus haut.

9. Eximium. Tige de 2 ou 3 pieds, ronde, droite, verte; feuilles éparses, alternées, sessiles, très-vertes dessus, plus pâles dessous, luisantes et polies de chaque côté, les inférieures lancéolées, celles du milieu larges et pointues, et celles du haut lancéolées canaliculées; fleurs au nombre de une à trois; pédoncules polis, verts, longs de 3 pouces; corolles presque droites, tubulées, campaniformes, très-ouvertes, très-grandes; pétales épais, unis, réfléchis au dehors, blanc pur; étamines à filaments blancs;

---

(1) D'après Kunth, cette même espèce se trouvait au Buchanon; Hamilton l'aurait désignée sous le nom de L. Batisna. Est-il bien sûr qu'il n'y ait pas confusion de deux plantes distinctes? Bien des exemples de fausses déterminations empêchent d'admettre, sans de fortes preuves, l'identité de plantes croissant à de si grandes distances l'une de l'autre.

anthères ovales oblongues ; pollen jaune ; style blanc, cylindrique ; stigmate trilobé.

Ce lys, qui croît à l'état sauvage dans l'île de Liukire, fut rapporté en 1830 par Van Siebold, à Gand ; il en reçut de nouveaux sujets en 1840. Même culture que le lilium japonicum, duquel il ne diffère que sous des rapports si légers que souvent il est confondu avec lui.

10. CORDIFOLIUM. Tige de 2 ou 3 pieds, arrondie, droite, unie, verte et maculée de violet ; feuilles à longs pétioles, ovales, aiguës, très-cordées au sommet, échancrées à la base, très-vertes en dessus, mais beaucoup plus pâles en dessous, ornées de chaque côté et veinées. Porte deux ou trois fleurs portées sur un pédoncule aussi long que les feuilles ; bractées lancéolées en forme de spathes persistantes ; fleurs penchées, horizontales, campanulées, tubulées, cylindriques, longues de 6 à 7 pouces ; pétales très-aigus, d'un blanc sale à l'intérieur, mouchetés à l'extérieur et striés de violet ; capsules ovales, anguleuses, à cinq loges et à six valves.

Ce magnifique lys forme avec le giganteum une tribu marquée que l'on pourrait classer même dans un genre tout particulier. Il se trouve souvent au Japon, à 5 ou 600 pieds au-dessus du niveau de la mer. Même dans ces régions il est assez rare ; il aime les forêts humides et sombres.

Ce lys, comme le giganteum, n'a pas encore été acclimaté en Europe, et ce n'est que par des dessins reproduits par **M.** Van Houtte de Gand , d'après la flore de **M.** Van Siebold, que nous le connaissons. Espérons que les relations avec la Chine, qui chaque jour deviennent plus faciles , stimuleront le zèle des collectionneurs, et que nous pourrons enfin jouir de cette belle plante, qui sera, avec le lys giganteum, un des plus riches ornements de nos jardins et de nos serres. Si nous sommes assez heureux pour posséder ces deux belles plantes, il faudra les tenir l'hiver en serre froide , peu arroser, et leur multiplication sera la même que les espèces précédentes.

11. GIGANTEUM. Tige très-élevée et bulbe placée à la surface du sol; feuilles très-grandes, les inférieures pétiolées à échancrures arrondies, les supérieures ovales, presque sessiles; fleurs très-nombreuses, réfléchies , disposées en une énorme grappe terminale , et très-odorantes; corolles infondibuliformes; campanulées, penchées; pétales blanc verdâtre à l'extérieur , l'intérieur blanc sale, lavé et tacheté de pourpre.

Originaire des forêts humides du Népaul, ce lys, comme le précédent, demande une terre humide, bourbeuse et légère, peu de soleil, et sera élevé l'hiver dans une serre froide. Dans sa région natale et même sous le sol brumeux de l'Ecosse, il porte sa tige droite, élancée jusqu'à **10** pieds de haut, et finissant en un racème de fleurs délicieusement odorantes. Le docteur **Wallich** découvrit le **L.** giganteum dans les bois ombreux du mont Sheopore. D'après le major **Madden,** ce lys croît en abondance dans les forêts humides de l'Himalaya. Fleurs en juillet.

12. BULBIFERUM. Nous en possédons huit variétés. Tige de 2 ou 3 pieds, anguleuse, d'un brun verdâtre; feuilles éparses, linéaires, ovales lancéolées, minces dans les aisselles, d'un brun verdâtre comme la tige; fleurs de une à dix disposées en ombelles prolifères; pédoncules velus; corolles campanulées droites; pétales rouge orange très-vif marqué d'une large tâche plus pâle, mouchetée de brun, et garnis de papilles à l'intérieur, pubescents à l'extérieur; étamines à filaments subulés, droits, jaune orangé; anthères oblongues lancéolées; pollen brun; style arrondi, beaucoup plus long que l'ovaire; stigmate à trois sillons; capsule longue de 2 pouces, obtuse, hexangulaire, à angles très-obtus, non ailée.

Cette espèce, originaire du midi de l'Europe, est une des premières qui aient été cultivées dans les collections. Son introduction remonte au XVIe siècle, et Plusius prétend en avoir reçu un sujet, en 1573, d'une dame de la province d'Anvers.

Ce lys ainsi que le suivant sont tellement répandus dans les jardins qu'ils y poussent presque sans culture; ils donnent beaucoup de fleurs et font un très-bel effet.

Cependant la variété à feuille panachée est beaucoup plus sensible et demande plus de soins. Elle craint surtout la trop grande humidité, qui peut faire pourrir ses racines et la bulbe; du reste ce lys s'accommode de toute terre et de toute exposition, et l'espèce comme les variétés fleurissent abondamment dès le commencement de juin.

Les bulbilles remises en terre fleurissent après trois ans de plantation.

13. Croceum. Tige de 1 à 2 pieds, profondément anguleuse, verte et droite; feuilles éparses, sillonnées, linéaires, lancéolées, étroites et ponctuées; fleurs au nombre de une à huit disposées en ombelles; pédoncules légèrement velus; corolles campanulées, droites; pétales unguiculés, d'un rouge safrané, mouchetés de points noirs et très-velus à l'intérieur; étamines à filament rouge orangé; anthères lancéolées; pollen safrané; capsule longue de 1 ou 2 pouces, aiguë, hexangulaire, à angles ailés.

Le lys orangé est l'espèce la plus commune de toute la collection; il est originaire, comme le précédent, du midi de l'Europe, et son introduction remonte à la même époque. Frisch, dans son ouvrage *de Historia stirpium*, 1542, en donne la description. Sa culture est aussi simple et aussi facile que celle du lilium bulbiferum; il pousse et fleurit dans toute terre et à toute exposition, et comme le lilium candidum il forme de très-belles touffes qu'il faut séparer tous les deux ou trois ans.

14. Pubescens. Cette espèce, qu'on ne rencontre

pas dans la collection, paraît à de savants horticulteurs une hybride des **L.** bulbiferum et croceum (1).

Tige...; feuilles éparses, presque ternées, linéaires, falciformes, trinervées, subulées; fleurs...; pédoncules velus; corolles campanulées, droites; pétales unguiculés, rudes et garnis de papilles à l'intérieur, très-velus à l'extérieur, surtout vers l'onglet, d'où la pubescence se prolonge sur le pédoncule.

Dès que ce lys aura paru dans la collection, il s'y acclimatera et y viendra facilement et sans beaucoup de soins; comme ses congénères il craindra seulement les terres trop humides.

15. Davuricum. Tige de 1 pied, droite, pentagone, à angles presque ailés; feuilles éparses, sessiles, linéaires, lancéolées; les supérieures sont verticillées et garnies aux aisselles d'un duvet cotonneux; fleur solitaire; pédoncule lanugineux; corolle campanulée, droite; pétales unguiculés, garnis à l'intérieur de papilles d'un rouge foncé dégénérant en jaune à la base très-mouchetée de noir, recourbés en dehors, très-poilus à l'extérieur; étamines à filaments rouge jaunâtre; anthères ovales arrondies; pollen safrané; capsule hexangulaire obovale turbinée, longue de 16 à 22 lignes.

L'introduction de cette espèce dans nos collections

---

(1) M. D. Spae, qui nous a fourni la description des espèces précédentes, nous fait encore la description de celle-ci; nous la donnons d'après ce savant amateur.

remonte à l'année 1754 ; elle est originaire de la Sibérie, où elle a été observée d'abord par Gmelin en
1747, et plus tard par Fischer ; elle porte encore dans
quelques collections le nom de *Pensylvanienne*.

Le lys de Sibérie, quoique déjà ancien dans nos
collections, devient cependant de jour en jour plus
rare ; il demande une terre de bruyère sablonneuse,
mélangée de terreau ; les racines y choisissent la nourriture qui leur est propre et favorable, et les eaux
peuvent s'infiltrer facilement. Cette espèce craint
le déplacement, et il ne peut se faire qu'avec la plus
grande précaution, parce que les écailles qui forment
la bulbe cassent au moindre choc, ce qui l'affaiblit et
ne lui permet de fleurir que la deuxième ou troisième
année. Il est vrai que les écailles qui se détachent servent à la propager. Ce lys se plante en touffe comme
le lilium *candidum*, et sa floraison a lieu dans le mois
de juin.

16. Fulgens. Tige de 1 à 2 pieds, droite, simple,
glabre, d'un vert bronze ; les feuilles *inférieures* tombent à l'époque de la floraison ; elles sont éparses et
sessiles, les *inférieures* ovales lancéolées ; les supérieures plus petites et aiguës, formant un verticille
très-glabre, d'un vert brillant et bordé de duvet lai-
neux ; produit de une à quatre fleurs disposées en
ombelles ; pédoncule glabre et corolles campanulées,
droites, ouvertes ; pétales glabres à l'intérieur, légèrement recourbés en dehors, d'un rouge vif et munis de caroncules crêtées blanchâtres à leur base,

pubescentes à l'extérieur; étamines à filaments d'un jaune pâle ; anthères ovales allongées; pollen brun ; capsule longue de 15 à 18 lignes.

La variété connue sous le nom de *maculatum* a le même port que l'espèce ; elle en diffère cependant par ses feuilles plus larges, sans duvet sur les bords, et par l'absence totale du duvet à l'extérieur des pétales ; sa fleur est d'un rouge moins foncé, maculée et veinée de jaune, et mouchetée de petits points noirs.

On est redevable de l'introduction du lilium fulgens et de sa variété à **M. Van Siebold**. Il fit partie de sa collection, déposée au Jardin botanique de Gand, où il fleurit pour la première fois en 1833.

Ce magnifique lys ne demande que de la terre de bruyère pure ; ses bulbes s'y développent considérablement, et l'on peut les séparer tous les ans. Depuis quelques années on a essayé de la croiser avec le *lilium* bulbiferum, croceum et quelque autre, et l'on a obtenu de très-bons résultats : les fleurs produites par ces croisements de races sont plus grandes, plus foncées, et parfois même plus striées et plus ponctuées.

17. **Thunbergianum**. Tige de 1 à 2 pieds, droite, presque anguleuse, glabre dans le bas, velue et arrondie au sommet ; feuilles inférieures éparses, alternées, ovales lancéolées, les supérieures formant un verticille de quatre ou cinq fleurs au nombre de une à trois disposées en ombelles ; pédoncules unis ; corolles campanulées, droites, ouvertes ; pétales un peu réfléchis en dehors, oranges, glabres à l'inté-

rieur, légèrement velus à l'extérieur ; étamines plus courtes que les pétales, à filaments subulés jaunâtres ; anthères ovales allongées ; pollen brun.

C'est une des belles espèces rapportées par M. Van Siebold. Elle a fleuri en 1833 au Jardin botanique de Gand. On a croisé ce lilium avec le fulgens, et on a obtenu une variété qui en a tout le port, et dont la fleur est d'un rouge orangé très-obscur, tacheté et maculé de points d'un brun rougeâtre.

Ce lilium est originaire des mêmes contrées que le lilium fulgens, et demande les mêmes soins et la même culture.

18. **Venustum**. Tige de 1 à 2 pieds, droite, flexible, anguleuse, brune, raboteuse inférieurement, pubescente et velue vers le sommet ; feuilles nombreuses, éparses, glabres, à nervures saillantes, les inférieures linéaires, lancéolées ; les supérieures, ovales, lancéolées, formant un verticille de quatre à cinq ; fleurs au nombre de une à huit, en grappe pyramidale ; pédoncule long, glabre, muni d'une feuille bractéiforme et terminé par une ou deux fleurs ; corolles droites, très-ouvertes ; pétales glabres, sillonnés et intérieurement munis à leur base de glandes allongées, un peu réfléchis en dehors d'une belle couleur jaune orangé brillant ; étamines à filaments d'un rouge jaunâtre ; anthères allongées ; pollen brun ; ovaire vert, long de 1 pouce ; style long de 2 pouces, presque triangulaire, marqué de trois sillons sous le stigmate.

Comme les deux précédents, le lilium venustum
est originaire du Japon ; il fut observé et importé par
M. Van Siebold, qui le déposa au Jardin botanique de
Gand, où il fleurit en juillet 1833. De même nature
et de même origine que les précédents, il demande
la même culture et les mêmes soins.

19. CONCOLOR. Tige de 1 à 2 pieds, droite, grêle,
arrondie, rugueuse et verte ; feuilles éparses, linéaires
lancéolées, oblongues, glabres ; fleurs au nombre de
une à quatre, disposées en ombelles ; pédoncule long
de 2 à 3 pouces, glabres ; corolle campanulée, droite,
ouverte ; pétales lancéolés, glabres des deux côtés,
d'un rouge très-vif, munis de papilles à leur base,
un peu réfléchis en dehors ; étamines à filaments
rouges ; anthères linéaires oblongues ; pollen rouge
vermillon ; ovaire vert, deux fois plus long que le
style, qui est triangulaire, rouge et terminé par un
stigmate à trois sillons.

Ce magnifique lys, originaire de la Chine, fut
introduit et classé dans nos collections, en 1806, par
Greville.

Le lilium concolor ainsi que les cinq lilium qui
vont suivre demandent un peu plus de soins que les
précédents. Il leur faut une terre de bruyère mêlée
de sable et un peu d'ombrage. Il ne faut les séparer
qu'au bout de deux ou trois ans avec beaucoup de
précautions. Ils se multiplient facilement par les
petits caïeux qui se forment autour de la bulbe ; ils
viennent très-bien en pleine terre, pourvu qu'elle soit

tamisée et très-mélangée de bruyère : ils craignent seulement la trop grande humidité en hiver.

20. **Pulchellum.** Tige de 1 pied, grêle, simple, droite, glabre, légèrement sillonnée et peu feuillue; feuilles éparses, étalées, linéaires, lancéolées, à trois nervures, unies dessus, cartilagineuses au bord et pointues à leur sommet; fleur solitaire; pédoncule court; corolle campanulée, droite, ouverte; pétales lancéolés en ellipse, longs de 12 à 14 lignes, d'un beau rouge orangé, tachetés à l'intérieur de petits points d'un rouge foncé, et revêtus à l'extérieur d'un léger duvet blanchâtre; étamines à filaments beaucoup plus courts que les pétales; anthères et pollen jaune safran; style plus court que l'ovaire.

Cette espèce a été observée dans la Daourie par Fischer; elle a beaucoup d'analogie avec le L. concolor, seulement elle est plus petite dans toutes ses parties.

Loddiges le figure dans son *Botanical Cabinet* sous le nom de L. Buschianum, en mémoire de son ami M. Busch, qui le lui envoya de Saint-Pétersbourg en 1829. Mêmes soins que le précédent, de la terre de bruyère mêlée de sable, un peu d'ombrage et le garantir de l'humidité l'hiver.

21. **Catesbæi.** Tige de 1 à 2 pieds, droite, cylindrique, un peu brune dans le bas, verte à son sommet; feuilles éparses, distantes, linéaires lancéolées, légèrement ondulées, aiguës, le dessus vert glauque, mais plus pâle dessous; fleur solitaire, pédonculée,

droite, grande, étalée ; pétales à onglet long et étroit, verdâtre à l'extérieur, réfléchi, le bord ondulé, rouge orangé, passant graduellement au jaune vert, le centre et la base fortement tachetés de points brun noir, très-réfléchis en dehors ; étamines à filaments dressés, d'un blanc jaune, longues de 2 pouces ; anthères ellipsoïdes allongées, jaunes ; pollen jaune safrané ; style cylindrique terminé par un stigmate à trois sillons.

Cette espèce fut introduite en Angleterre en 1787, par M. R. Squibb. Catesby en donna la description en 1741 dans son Traité sur l'histoire naturelle de la Caroline et de la Floride. Elle croît, à l'état sauvage, dans les terres basses, humides et sablonneuses de la Pensylvanie, de la Caroline, aussi bien que dans les plaines marécageuses de la Géorgie.

Ayant de grands rapports avec les deux espèces précédentes, le L. Catesbæi demande le même terrain sablonneux, légèrement humide et ombragé, les mêmes soins et la même culture.

22. Lancifolium **album.** Tige de **1** à **2** pieds, droite, simple, anguleuse et velue ; feuilles éparses, alternes, sessiles, lancéolées, glabres, longues de 4 pouces et diminuant graduellement vers le sommet, où leurs aisselles sont garnies de bulbilles ; fleur solitaire ; corolle subcampanulée, droite, petite ; pétales à onglet blanc.

Lancifolium punctatum très-beau à fleurs ponctuées de pourpre.

L. lancifolium rubrum, à fleurs rouge pâle, également ponctuées.

L. lancifolium roseum, fleurs lavées de rose tendre.

Ces variétés sont magnifiques et font l'ornement des jardins et des serres. La fleur semble être comme couverte d'un léger duvet de neige pour la blancheur, et les autres variétés semblent également de neige parsemée de petits points brillants rouges, pourpres ou roses.

Cette espèce, qu'il ne faut pas confondre avec les trois variétés de **L.** speciosum et que **M.** Munche, jardinier en chef du jardin botanique de Gand, nomme **L.** lancefolium, est originaire du Japon, où elle fut observée par **M.** Thunberg. Même culture que les précedentes.

23. **Kamchatcense.** Tige de 1 à 2 pieds, droite, arrondie, pubescente ; feuilles oblongues, un peu velues, largement lancéolées ; fleur terminale en juillet, en ombelle renversée ; corolle campanulée, droite ; pétales sessiles, ovales lancéolés, profondément veinés d'un beau rouge foncé, passant graduellement au jaune doré vers la base, et parsemé de petits points d'un pourpre foncé.

Cette espèce vient naturellement, et à l'état sauvage, au Canada, au Kamchatka, et **M.** Louriero l'a également observée en Chine et au Japon ; mais elle y est beaucoup plus rare. Elle fut importée en Europe vers l'an 1759.

Même terre, mêmes soins et même culture que les

quatre précédentes. La garantir de même de la trop grande humidité.

24. Philadelphicum. Tige de 1 à 2 pieds, simple, arrondie; feuilles verticillées par quatre ou cinq, très-courtes, ovales oblongues; fleurs droites, solitaires ou géminées, à divisions rouges; pédoncule court, glabre; corolle campanulée, droite, ouverte; pétales lancéolés, onguiculés, d'un rouge orangé, passant au jaune vers la base, tacheté d'un grand nombre de points pourpre foncé; étamines dressées; anthères oblongues; pollen roux; style triangulaire.

La variété donne souvent des verticilles de cinq feuilles et porte de deux à quatre fleurs.

Ce lys est originaire du Canada et de la Caroline. Il fut aussi trouvé en Pensylvanie, en 1757, par Bertram, qui l'envoya à son ami Ph. Miller, jardinier en chef du Jardin botanique de la compagnie des apothicaires, à Chelsea en Angleterre.

Cette charmante espèce demande une terre mélangée; on doit la tenir en pot, enterrée à demi-ombre, pour ne pas perdre les caïeux qui sont très-petits.

25. Martagon. Les horticulteurs hollandais en annoncent dix à douze variétés, mais nous croyons qu'il n'y en a que six variétés bien distinctes. Tige de 3 à 4 pieds, luisante, ponctuée de noir, pubescente et velue; feuilles toutes verticillées, ovales lancéolées, pointues et bordées d'un léger duvet blanc, vertes dessus, un peu plus pâles en dessous; fleurs en grappe réfléchie, au nombre de trois à quinze; pédoncule velu et garni à sa base d'une bractée lancéolée ; corolles penchées; pétales roulés , velus à l'extérieur, glabres à l'intérieur, d'un pourpre foncé, et maculés de quelques taches noires; étamines à filaments blanc jaunâtre ; anthères lancéolées; pollen jaune safran ; style triangulaire ; stigmate à trois sillons.

Cette espèce est originaire des hautes montagnes de l'Europe centrale ; elle se trouve aussi en Sibérie. Elle est, depuis plus de deux siècles , cultivée dans nos jardins. On la rencontre partout, et sa culture est des plus faciles et la même que celle du lys blanc. Elle a l'avantage sur celle-ci de fleurir la même année quoique plantée au printemps. Ses variétés sont nombreuses et se multiplient aussi très-facilement.

Si on laisse la bulbe longtemps en place et qu'elle soit ainsi profondément enfoncée en terre , la tige prend une extension extraordinaire, devient grande et forte, et produit jusqu'à trente ou quarante fleurs.

26. CANADENSE. Tige de 3 à 4 pieds , arrondie, glabre, verte ; feuilles verticillées , lancéolées, ovales, nervées, pointues , les supérieures plus larges, unies en dessus, légèrement velues en dessous, le long des nervures , et leur bord garni d'un duvet blanc , ce qui les rend rugueuses; fleurs au nombre de une à dix, disposées en ombelles pyramidales; pédoncules dressés , longs de 3 ou 4 pouces, glabres et verts; corolles penchées, turbinées, campaniformes; pétales lancéolés, roulés, glabres, d'un jaune orange, parsemés inté-

rieurement d'un grand nombre de points noirs; étamines à filaments blanc sale ; anthères oblongues allongées; pollen roux brun; style triangulaire verdâtre; stigmate trilobé.

Originaire de la Virginie et du Canada, ce beau lys est cultivé dans nos jardins depuis 1629. Il supporte très-bien l'hiver à l'air libre et en pleine terre. La terre de bruyère un peu mêlée de sable leur est particulièrement favorable ; les bulbes qui ont produit la fleur périssent, mais elles produisent un autre oignon qui doit fleurir l'année suivante. Ce lys se reproduit par de jeunes caïeux et par les écailles qui se détachent de la bulbe et qui fleurissent la quatrième année. Il craint, comme beaucoup d'autres variétés, une trop grande humidité.

27. **Pendulum.** Tige de 3 à 4 pieds, droite, simple, arrondie, glabre, presque dépouillée au sommet ; feuilles atténuées à la base, lancéolées, ondulées, pointues, les inférieures subverticillées, les moyennes verticillées, les supérieures linéaires lancéolées ; fleurs au nombre de une à dix, disposées en ombelles; pédoncules unis, minces, longs de 4 pouces; corolles penchées, campanulées ; pétales lancéolés, presque roulés, rouge orange à l'extérieur, passant progressivement au jaune et parsemés de petits points bruns à l'intérieur ; étamines à filaments jaunâtres ; anthères oblongues; pollen roux ; style triangulaire; stigmate à trois sillons.

Ce lys est originaire, comme le précédent, du

Canada et de la Virginie, et c'est à tort que quelques naturalistes le regardent comme une variété du L. canadense. Il demande, ainsi que lui, la même terre et la même culture, et fleurit en juin et juillet.

28. SUPERBUM (deux variétés). Tige de 4 à 5 pieds, droite, ferme, arrondie, glabre, violâtre et glauque ; feuilles toutes verticillées, les inférieures lancéolées, les supérieures ovales lancéolées, éparses, vertes dessus, plus pâles en dessous ; fleurs au nombre de dix à vingt en grappe pyramidale ; pédoncules unis ; corolles réfléchies, de grosseur moyenne ; pétales lancéolés, roulés, polis, d'un beau rouge écarlate à l'extérieur, passant au jaune et tachetés d'un grand nombre de petits points bruns à l'intérieur ; étamines à filaments jaune orangé, anthères oblongues ; pollen brun roux ; style triangulaire, deux fois plus long que l'ovaire ; stigmate à trois sillons.

Originaire de l'Amérique septentrionale, ce lys fut introduit dans les collections européennes en 1727. La variété qui est cultivée sous le nom de *pyramidal*, se distingue par une tige plus élevée qui atteint parfois 7 à 8 pieds ; ses fleurs, disposées en pyramides, sont nombreuses et font le plus bel effet. Ce lys se convient très-bien dans les massifs d'azalées qui ombragent les bulbes et leur procurent ainsi une floraison plus abondante, surtout en août et en septembre.

29. CAROLIANUM. Tige de 1 à 2 pieds, droite, arrondie, grêle, très-unie ; feuilles verticillées par cinq à

six, lancéolées oblongues, unies, nervées, rétrécies à leur base et terminées en une pointe ; fleurs au nombre de trois, disposées en ombelles; pédoncules épais; corolle fortement penchée ; pétales unis, d'un rouge foncé à l'extérieur, plus pâle à l'intérieur, et passant au jaune, et parsemés d'un grand nombre de points noirs ; étamines à filament blanchâtre ; anthères lancéolées oblongues ; pollen roux brun ; style triangulaire ; stigmate à trois sillons.

Même culture que le précédent. Il est, comme le superbum et le pyramidal , l'un des plus riches ornements de nos parcs et de nos massifs ; il se plaît comme eux dans les corbeilles d'azalées et les endroits ombragés , mais comme eux aussi craint la trop grande humidité. La terre de bruyère lui est particulièrement agréable.

30. **Maculatum.** Tige de 1 à 2 pieds, droite, arrondie , glabre , striée et polie ; feuilles inférieures éparses , les supérieures disposées en verticilles de cinq à six, sessiles, lancéolées, glabres, très-nerveuses, droites et longues de 3 à 4 pouces ; fleurs disposées en ombelles; pédoncules droits , longs de 4 pouces ; corolles campanulées, penchées ; pétales roulés, d'un rouge foncé tacheté d'un grand nombre de petits points pourpres.

Ce lys, découvert par Thunberg , est originaire du Japon ; il fit partie de la collection de **M.** Van Siebold, mais il ne put être conservé. Cette espèce diffère du **L.** canadense par ses feuilles plus larges et ses pétales un peu moins roulés, et demande du reste les mêmes soins et la même culture ; mais sa bulbe, très-sujette à se fondre, craint bien davantage une trop grande humidité.

31. **Pomponium.** Les horticulteurs hollandais, sur leur catalogue, l'annoncent en vingt-cinq variétés séparées. Je les ai fait cultiver et je n'en ai vu que six à huit variétés tout au plus bien distinctes. Certains horticulteurs de ces pays font trop facilement des espèces et des variétés de diverses espèces de plantes. Il serait bien à désirer pour le commerce, qui est souvent obligé de prendre de confiance ces variétés comme des nouveautés, que l'on fût plus scrupuleux. Tige de 2 à 3 pieds, droite, anguleuse, velue ; feuilles éparses et rapprochées, sessiles, pointues, les inférieures lancéolées, linéaires, verticillées à la base ; les supérieures, graduellement plus étroites, sont linéaires et fort rapprochées, lisses dessus quoique frangées de duvet blanchâtre ; fleurs au nombre de cinq à six, subombellées ; pédoncules longs de 3 pouces ; corolles penchées ; pétales roulés, unis des deux côtés, d'un beau rouge ponceau, formant le turban et tachetés d'un grand nombre de points noirs ; étamines à filaments subulés jaune orange ; anthères ovales ; pollen roux ; style triangulaire ; stigmate à trois sillons.

Le **L. pomponium** se cultive très-bien dans la terre ordinaire et ne demande pas absolument de la terre de bruyère. Cette dernière même, étant trop légère, n'est pas favorable à la bulbe, qui s'y consomme facilement. Il faut cependant que la terre soit légère, fraîche et quelque peu ombragée. Le L. pomponium, originaire de la Sibérie, fait l'ornement de nos jardins depuis plus de deux siècles; il opère sa floraison au commencement do juin.

32. Pyrenaicum. Tige de 2 à 3 pieds, droite, semi-anguleuse, un peu velue à la base et presque unie au sommet; feuilles nombreuses, linéaires lancéolées, à cinq nervures, vertes en dessus, plus pâles en dessous et bordées, comme le précédent, d'un léger duvet blanc ; fleurs au nombre de cinq à sept, disposées en ombelles pyramidales, d'une odeur très-forte; pédoncules glabres, longs de 3 pouces ; corolles penchées; pétales roulés, unis, d'un beau jaune, ponctués de petits points d'un rouge brun ; étamines à filaments subulés jaunâtres ; anthères ovales, écarlates ; pollen rouge ; style court, triangulaire et verdâtre; stigmate long, à trois sillons.

Ce lys, originaire des Pyrénées, comme l'indique son nom, était autrefois confondu parmi les variétés du **L.** pomponium. Il en fut séparé en **1773** par **M.** Gouan, professeur de botanique à la faculté de Montpellier, qui en forma une variété tout à fait distincte.

Le **L.** pyrenaicum demande à peu près les mêmes soins, la même terre et la même température que le précédent et fleurit aussi à la même époque.

33. CHALCEDONICUM. Tige de 3 à 4 pieds, droite, anguleuse, brune, pubescente et rugueuse, verte et polie à son sommet, et garnie dans toute sa longueur d'un grand nombre de feuilles éparses très-vertes et luisantes en dessus, plus pâles en dessous et frangées d'un léger duvet blanc très-marqué; les inférieures lancéolées, linéaires, presque obtuses au milieu de la tige, petites, très-étroites; les supérieures ovales, lancéolées, très-pointues; fleurs au nombre de six à huit, disposées en ombelles pyramidales; pédoncules longs de 4 à 5 pouces; corolles penchées; pétales roulés, unis, luisants, d'un rouge écarlate très-vif, nuancé de ponceau; étamines à filaments subulés, rouges; anthères oblongues; pollen rouge; style plus long que l'ovaire, triangulaire, verdâtre; stigmate allongé, à trois sillons.

Cette espèce, originaire du Levant, fut introduite dans nos collections européennes, à la fin du seizième siècle, par Ulric de Kunigsperg, qui rapporta de Constantinople, en 1579, une variété que l'on désigna sous le nom de *Zuciniare* ou couronne royale, mais qui n'existe plus dans nos collections.

On cultive indifféremment ce lys dans la terre ordinaire ou dans la terre de bruyère; il se plaît aussi bien dans l'une que dans l'autre; il fleurit abondamment en juillet et fait le plus bel effet.

34. CARNIOLICUM. Tige de 2 à 3 pieds, droite, subanguleuse; feuilles droites et étalées, régulièrement disposées sur la tige, lancéolées, aiguës, à cinq ou sept nervures, bordées de duvet blanchâtre très-marqué, les supérieures sont plus petites ; fleurs en ombelles pendantes ; corolles penchées ; pétales roulés, d'un beau rouge vermillonné, parsemés intérieurement de points d'un beau brun pourpre.

Cette espèce croît dans les montagnes de la province de Carniole, en Illyrie, où elle a été observée par le professeur Bernhardi. Elle se cultive de la même manière que la précédente.

35. **Tenuifolium.** Tige de 1 à 2 pieds, arrondie, simple, d'un vert pâle et presque glauque, garnie de feuilles nombreuses, dépouillée à son sommet ; feuilles éparses, sessiles, linéaires, étroites, obtuses, très-aplaties, longues de 2 à 3 pouces, d'un vert glauque ; fleurs au nombre de une à cinq, solitaires ; pédoncules unis, longs de 3 à 5 pouces ; corolles penchées ; pétales roulés, d'un rouge foncé, garnis à leur base de deux caroncules velues ; étamines à filaments subulés, rougeâtres ; anthères ovales oblongues ; pollen rouge ; ovaire oblong, vert ; style deux fois plus court que les étamines, subtriangulaire, jaunâtre.

Cette belle et rare espèce est originaire de la Daourie, où elle a été découverte par le docteur Fischer en 1830, puis introduite en Europe, en 1831, par ce savant botaniste, qui en gratifia le Jardin botanique de Gand. Il existe dans les collections allemandes une variété blanche de cette belle espèce. Le lys tenuifolium, fort rare, du reste, dans nos collections, demande absolument une terre de bruyère mêlée de sable et doit être préservé l'hiver d'une trop grande humidité. Lors de la multiplication, une exposition ombrée est très-favorable à ce beau lys, mais il faut éviter de séparer la bulbe trop souvent. Cultivé avec soin, ce lys devient très-beau, ses fleurs pendent gracieusement le long de sa tige et sont du plus beau rouge cocciné. Sa floraison a lieu en juillet.

36. PUMILUM. Tige de 1 à 2 pieds, arrondie, simple, unie, dépouillée au sommet ; feuilles très-étroites, linéaires, subulées, vertes ; fleurs au nombre de une à cinq, disposées en panicules ; pédoncules unis, longs de 1 à 2 pouces ; corolles penchées ; pétales roulés, d'un rouge orangé ; étamines à filaments subulés, jaune orange ; anthères oblongues ; pollen rouge ; style triangulaire, verdâtre ; stigmate à trois sillons. Ce lys est aussi originaire de la Daourie et a été introduit dans nos collections en 1816. Quelques auteurs en font une variété du pomponium ou du tenuifolium.

Quoique rare dans nos collections, ce beau lys est cependant moins difficile à élever que le précédent, et sa culture consiste seulement à ne pas trop diviser la bulbe, ce qui affaiblirait la plante. Il faut la laisser au moins trois ou quatre ans en place avant d'en séparer les bulbes ; les diviser plus tôt serait exposer la plante et détruirait les espérances de l'amateur trop impatient.

37. CALLOSUM. Tige de 2 à 3 pieds, droite, simple et unie ; feuilles très-nombreuses, éparses, alternes,

sessiles, très-étroites, linéaires, aiguës, entières, nerveuses et peu unies, les inférieures allongées, les supérieures plus courtes; fleurs au nombre de cinq à dix, disposées en grappe ; pédoncules glabres, garnis à leur base de deux bractées arrondies, linéaires, épaisses et dures; pétales roulés, glabres, d'un magnifique rouge ponceau, parsemés de petits points d'une couleur plus foncée.

Cette belle espèce a été découverte au Japon par le savant naturaliste Van Siebold pendant son voyage de 1823 à 1829, et fit partie de sa magnifique collection qu'il déposa, en 1830, au Jardin botanique de Gand.

Ce lys se trouve à l'état sauvage dans les parties montagneuses du Japon et jusqu'à 2000 pieds au dessus du niveau de la mer, surtout sur les fentes de terrains volcaniques. Cultivé avec soin dans la terre de bruyère et préservé surtout de l'humidité, ce lys atteint une hauteur de 3 et 4 pieds et produit de magnifiques grappes de fleurs ; mais plus sensible ou plus capricieux que ses congénères, les bulbes apportées par Van Siebold n'ont pu être conservées malgré les soins dont elles ont été l'objet. Espérons cependant qu'on parviendra à les acclimater.

38. Speciosum. Tige de 3 à 5 pieds, droite, arrondie, rameuse, polie et luisante, d'un vert pâle presque glauque; feuilles éparses, sessiles ou courtement pétiolées, ovales oblongues, entières, pointues, arrondies à leur base, glabres, vertes, à cinq ou sept nervures saillantes ; aux aisselles naissent des bulbilles brun noirâtre ; fleurs au nombre de une à quinze, disposées en panicules ; corolles très-grandes, penchées ; pétales roulés, lancéolés, oblongs, ondulés, en leur bord blanc, nuancés d'un beau rose passant au rouge très-vif vers la base, couverts d'un grand nombre de papilles dentées d'un beau rouge vif et brillant ; étamines à filaments blancs ; anthères oblongues ; pollen d'un brun orangé ; ovaire arrondi , vert ; style deux fois plus long de l'ovaire cylindrique blanchâtre ; stigmate arrondi, trilobé, violet et velouté.

Le Japon est la patrie de ce beau lys ; il y avait été observé par Kæmpfer, puis par Thunberg qui, à juste titre, l'a nommé *élégant*, et enfin par Van Siebold, qui en a confié, à son retour, des bulbilles à son ami **M. Munche**, jardinier en chef du Jardin botanique de Gand, où il fleurit en août 1832.

Le L. speciosum se subdivise en un grand nombre de variétés qui ne diffèrent de l'espèce principale que par la couleur des pétales, des feuilles et des papilles ; et bientôt l'espèce, comme les variétés, sera un des plus beaux ornements de nos collections, comme elle en est un des plus riches par la beauté de ses fleurs si admirées des amateurs. Le **L.** speciosum Kæmpferii, qui se cultive dans le Japon comme une plante d'ornement, quoique ce soit la Chine qui soit sa patrie, ou plutôt le Korai, mérite d'être recherché et cultivé avec soin.

Ce lys demande de la terre de bruyère et une serre tempérée où il doit être mis à l'abri des grands froids et de la trop grande humidité de l'hiver, et sa reproduction est une des plus rapides. Les bulbilles qui poussent dans les aisselles inférieures, mises en contact avec la terre, prennent facilement racine et forment des bulbes qui fleurissent la troisième année. On les multiplie encore avec les écailles de la bulbe si on les replante immédiatement dans une terre sableuse.

On peut de même les multiplier par le semis, car les graines mûrissent très-bien. On les sème dans des terrines que l'on place sur le devant de la serre ; au printemps, elles lèvent en abondance ; en août et septembre, on les repique en d'autres terrines et on les replace dans l'endroit le plus sec de la serre ; en avril et mai suivants, on les repique en pleine terre, en ayant soin de les garantir des derniers froids par des panneaux que l'on soulève quand le temps est beau ; on les recouvre aux premiers froids jusqu'aux beaux jours ; on les repique alors, s'il y a lieu, et on les laisse en place jusqu'à la floraison, qui a lieu la quatrième année. Une grande quantité de semis se cultive en Belgique et en Hollande ; on commence aussi à en faire en France, ce qui nous permet d'espérer que bientôt nos collections s'enrichiront de nouvelles variétés.

39. **Polyphyllum**. Tige de 1 à 3 pieds ; feuilles éparses, lancéolées, pointues ; fleurs au nombre de trois disposées en verticille ; corolles penchées ; pétales roulés, glabres, en onglet ; style deux fois plus long que l'ovaire.

Originaire de l'Inde, ce beau lys a été observé par le docteur Royle dans la haute montagne de l'Himalaya, au Thibet. Il n'existe cependant pas encore dans nos collections européennes, et il nous serait difficile d'en donner la culture.

40. **Tigrinum**. Tige de 2 à 4 pieds, droite, anguleuse, brune et velue ; feuilles éparses, sessiles, vertes en dessus, un peu plus pâles en dessous, ayant de cinq à sept nervures, les inférieures linéaires lancéolées, les supérieures plus courtes, ovales, cordiformes aiguës ; fleurs nombreuses disposées en thyrse ; pédoncules velus, longs de 2 ou 3 pouces, garnis vers le milieu d'une feuille ; bractée ovale et pointue, terminée par une ou deux fleurs ; corolles penchées ; pétales roulés, velus à l'extérieur, unis à l'intérieur, d'un beau rouge orangé, mouchetés d'un grand nombre de points noirâtres et munis à leur base de papilles dentées ; étamines à filaments subulés ; rouge orange ; anthères oblongues ; pollen brun noir ; ovaire allongé ; style beaucoup plus long que l'ovaire, demi-cylindrique ; stigmate arrondi, pourpre et velouté.

Cette espèce, originaire de la Chine, a été introduite en Europe en 1804 par le capitaine Kirckpatrik, de la compagnie des Indes orientales, puis classée dans la collection de Gand par M. Van Cassel, botaniste distingué, en 1807.

Le lys tigré s'est tellement multiplié par les bulbilles qui se forment dans ses aisselles et ses bractées, qu'en très-peu de temps il a été cultivé dans tous nos jardins. Il ne demande qu'une terre franche et légère et fleurit en grande abondance. Cultivé en terre de bruyère, il atteint une hauteur considérable et donne beaucoup plus de fleurs encore. Il est fort difficile de féconder cette espèce artificiellement ; mais ses bulbilles en tombant à terre prennent facilement racine, et fleurissent alors la quatrième année.

41. TESTACEUM. Tige de 4 à 5 pieds, droite, ronde, polie, brune dans le bas, le haut verdâtre ; feuilles éparses, sessiles et minces, vertes dessus, plus pâles en dessous et frangées d'un duvet blanchâtre, les inférieures lancéolées, larges et pointues, les moyennes simplement lancéolées, et les supérieures linéaires, lancéolées, subverticillées ; fleurs au nombre de une à six, disposées en ombelles prolifères ; pédoncules longs de 3 pouces, unis ; corolles penchées ; pétales roulés, larges, glabres, d'une belle couleur nankin, tachetés de rouge orangé et couverts à leur base de petites papilles crêtées ; étamines à filaments subulés, blanc verdâtre ; anthères lancéolées oblongues ; pollen rouge orange foncé ; **ovaire** oblong, verdâtre ; style cylindrique, un peu plus long que les étamines ; stigmate trilobé, violet et velouté.

On ignore la véritable origine de ce beau lys. Le docteur Lindley le croit originaire du Japon et introduit par M. Van Siebold, ce qui est discutable. Un autre savant naturaliste, le docteur Spae, le croit, au contraire, originaire de Russie, et base son opinion sur la grande analogie qu'il trouve entre ce lys et le **L.** Szovitzianum, qui est originaire de ce pays.

Pour nous, il nous arrive d'Allemagne, d'où il fut introduit en Belgique, en 1838, par le célèbre **M. Van Houtte**, sous le nom de *peregrinum;* de la Belgique, il a passé en Angleterre, où il est très-cultivé.

Le lys chamois pousse indifféremment en terre de bruyère et en terre franche. Cultivé dans la première, sa tige est plus forte, plus haute; ses fleurs plus nombreuses et plus grandes. En terre de bruyère, il se multiplie considérablement, et pour le propager on emploie les mêmes moyens et les mêmes soins que pour le *speciosum* fécondé par le tigrinum ou par le speciosum; ses capsules grossissent, mais les ovules sont stériles. Les soins et les expériences des horticulteurs sont jusqu'à ce jour demeurés infructueux pour arriver à les féconder.

42. Szovitzianum. Tige de 2 à 3 pieds, droite, sillonnée et très-feuillue; feuilles éparses, nerveuses, largement lancéolées, vertes et unies en dessus, plus pâles et velues en dessous, et frangées de poils blancs; fleurs au nombre de une à huit, disposées en rameau; pédoncule lisse, un peu penché, garni à sa base de deux bractées de même longueur que le pédoncule; corolles penchées, campanulées; pétales un peu roulés, lancéolés, longs de 2 à 3 pouces, d'une belle couleur de cire, tachetés de petits points pourpre foncé; étamines beaucoup plus courtes que les pétales; anthères droites, rousses; pollen rouge vermillonné; style

beaucoup plus long que l'ovaire, dépassant en longueur les étamines après la fécondation.

Cette espèce a beaucoup de rapports avec le L. monadelphum de Bied ; elle est originaire de la Colchide. Elle est très-rare dans nos collections et n'a pas encore fleuri en France ni en Belgique ; mais comme son introduction est encore très-récente, nous espérons qu'elle s'acclimatera et se multipliera de la même manière que les espèces précédentes, en lui donnant les mêmes soins et la même culture. Ce lys est aussi connu en Belgique sous le nom de L. colchicum.

43. Monadelphum. Tige de 4 à 5 pieds, droite, arrondie, unie ; feuilles éparses, sessiles, lancéolées, lisses et vertes en dessus, pubescentes en dessous, ainsi qu'en leurs nervures et en leur bord, diminuant graduellement de longueur de la base au sommet ; fleurs au nombre de une à vingt-cinq, disposées en panicules ; pédoncules lisses, garnis à leur base de deux bractées, l'une lancéolée, l'autre subulée ; corolles penchées, campanulées, lisses, un peu réfléchies, jaunes ; étamines à filaments soudés à leur base ; anthères oblongues, safranées ; pollen jaune ; style toujours égal aux étamines ; capsule courte, arrondie, hexangulaire.

Cette magnifique espèce, observée par **M. Brebratein** dans le Caucase, est originaire de ces contrées et de la Géorgie, où elle a aussi été observée par **M. Steven**, botaniste distingué.

Cette espèce, ainsi que la suivante, demande une

terre franche, substantielle et légère. Il faut l'abriter
de l'humidité l'hiver. Ce lys, comme presque tous les
autres, se multiplie par la division des bulbes, par la
mise en terre de bulbilles qui se forment au bas de la
tige, et par la séparation des écailles de la bulbe ; la
séparation doit se faire dès que la tige est fanée, et les
bulbes doivent se remettre en terre à l'automne.

44. **Loddigesianum.** Tige de 2 à 3 pieds, droite,
arrondie et lisse ; feuilles nombreuses, éparses sessiles, très-rapprochées, parfois verticillées, ovales
lancéolées ; nervures vertes et lisses en dessus, plus
pâles et pubescentes en dessous, surtout sur les bords,
et les nervures diminuant graduellement, de la base
au sommet ; fleurs au nombre de une à cinq, disposées
en panicules ; pédoncules droits, beaucoup plus courts
que la fleur, garnis à leur base d'une bractée ovale
lancéolée ; corolles penchées ; pétales lisses, roulés,
d'une belle couleur jaune tachetée de petites macules
oblongues, d'un pourpre noir ; étamines à filaments
soudés, un peu plus courtes que les pétales ; anthères
oblongues ; pollen jaune ; ovaire beaucoup plus court
que le style, arrondi, trigone à six stries ; style
triangulaire, verdâtre, de même longueur que les
étamines ; stigmate ellipsoïde ovale. Originaire de la
Russie selon Loddiges, et du Caucase selon d'autres
botanistes, ce magnifique lys fut introduit en Angleterre et de là dans nos collections, par le savant
M. Loddiges, qui en reçut des graines en 1800. Ses
soins furent couronnés de succès : il en obtint peu

d'années après. Il a fleuri, en 1843, dans les jardins de M. Goethals, savant horticulteur.

Ce lys demande la même terre légère et sablonneuse que le L. monadelphum ; comme lui il craint la trop grande humidité, et comme lui il se propage par ses bulbilles ou éclats de bulbes, etc., etc.; mais la division se fait toujours après l'entière dessiccation des tiges.

Il semble que la Providence ait aussi voulu doter cette belle plante, *lys blanc*, de vertus médicinales. On prépare une huile de lys (*oleum lisrinum aut liliorum*) en faisant infuser des fleurs de lys que l'on ne laisse que deux ou trois jours, et ensuite on en substitue d'autres, parce qu'elles se pourriraient si on les y laissait plus longtemps. Cette huile, ainsi préparée au soleil, a une odeur très-agréable et est d'usage dans les douleurs et les tumeurs ; elle est bonne dans le cas où il faut faire digérer et mûrir, et peut être ajoutée aux cataplasmes émollients et maturatifs. Les lys conservés dans l'eau-de-vie et appliqués sur les plaies enflammées produisent aussi de très-bons effets.

L'eau odorante que l'on retire des fleurs de lys à la chaleur du bain-marie est d'usage pour embellir la peau, relever le teint tendre et délicat des jeunes filles et leur enlever les taches du visage, surtout si on y mêle un peu de sel de tartre. M. Bourgeois a observé que l'eau distillée des fleurs de lys est un spécifique dont on ne saurait assez vanter la vertu dans la suppression des lochies des femmes en couches.

Les oignons peuvent, en cataplasme, servir à ramollir et à amener la suppuration, quand elle est nécessaire, par exemple dans les abcès. D'après M. Fagon, premier médecin du grand roi de France Louis XIV, le docteur Bourgeois dit qu'il est aussi très-efficace dans les lavements ; c'est, selon lui, un des plus grands anodins et adoucissants dans les coliques de toute espèce ; on l'administre encore en collyre dans diverses maladies de l'œil. Leur infusion dans l'huile d'amande douce ou de lin, etc., est préconisée contre les douleurs et les engorgements rebelles, et contre le squirrhe de l'utérus en particulier. L'eau distillée qu'on en retire est également bonne contre la toux, l'asthme et autres affections pulmonaires.

L'eau distillée qu'on prépare jouit, comme cosmétique, d'une grande réputation ; les parfumeurs l'emploient très-souvent pour parfumer les pommades, les essences, etc. Les dames, du reste, connaissent tout le mérite de ces produits ; de sorte que les fleurs de lys donnent à la fois l'utile, le bon, le beau et l'agréable. Il n'est pas très-étonnant que nos pères l'aient aimé ; que, dans leurs sublimes cantiques, David et Salomon l'aient chanté : Tel le lys parmi les épines, ainsi ma bien-aimée parmi les filles des enfans des hommes. SALOMON, *Cantique des cantiques.*

Lys asphodèle (*lilio-asphodelus luteus*). Plantes dont les fleurs sont jaunes, mais semblables, pour la figure et l'odeur, à celles du lys ; ses racines sont glanduleuses comme celles de l'asphodèle, ou en petit navet. De la France méridionale; multiplication par graine et éclat de pied.

Lys asphodèle rameux, bouton royal de la France méridionale. Ses racines se composent de fuseaux charnus regardés comme alimentaires, mais que des savants chimistes viennent de découvrir comme très-précieux pour la distillation, donnant abondamment d'alcool.

Mais ce qu'il y a surtout de très-précieux entre toutes les plantes cultivées pour alcool, c'est que du résidu, qui est très-filamenteux, on tire de quoi faire de très-beau et excellent papier très-estimé.

Feuilles radicales ensiformes, longues de près de 70 centimètres; tige de 1 mètre à 1 mètre 25 centimètres, verte, rameuse; fleurs en mai, à plusieurs épis de fleurs nombreuses, blanches, ouvertes en étoile. dont les divisions sont marquées de lignes roussâtres. Il faut une bonne terre. Même multiplication.

En recommandant cette plante comme d'un grand produit, nous le donnons sous toute réserve, car la culture en grand n'en a pas encore été faite; j'en ai bien quelques pieds dans mes jardins, mais pour notre climat cette plante demande encore une étude consciencieuse avant de la recommander; mais pour les pays chauds, et surtout pour notre Algérie, on ne peut trop recommander sa culture.

Nous voici arrivé au bout de notre tâche. Grâce aux descriptions et leçons de quelques-uns de nos savants devanciers, elle ne nous a pas été trop difficile. Heureux si, par cet opuscule, nous pouvons mettre à la portée de tous le fruit de nos études, de nos lectures et de nos observations, et propager ainsi la culture de cette magnifique fleur qui, même dans sa variété la plus commune, peut encore être considérée comme une des reines de nos jardins.

Nous n'avons pas cru pouvoir mieux nous inspirer qu'en puisant une grande partie de notre travail dans les savants et consciencieux ouvrages de MM. Spae et Van Houtte, leur demandant pardon de nos nombreux emprunts, reconnaissant nous-même notre impuissance à mieux faire, et même aussi bien, que de si grands horticulteurs. Trop heureux si nous pouvions les imiter.

PRÉCIS

SUR

LA CULTURE DES MELONS,

Notion indispensable au succès de cette précieuse culture
dans tous les pays, mais surtout dans les montagnes.

Un grand nombre d'ouvrages ont été, jusqu'à ce jour, publiés sur la culture du melon, mais aucun n'est assez complet, assez minutieux pour assurer un succès net et précis sans fatiguer le lecteur.

Le travail que nous publions aujourd'hui sera, nous l'espérons, à l'abri de tels reproches; il est le résultat de longues observations et d'une pratique assidue. Nous avons la conviction qu'il sera bien accueilli de toutes les personnes qui aiment l'utile et l'agréable, car la culture du melon est très-peu répandue en France; ce défaut tient surtout à l'absence de renseignements exacts d'un guide éclairé et dévoué, puisque, avec des précautions, cette culture peut avoir lieu dans toute la France, sans exception, même dans la partie des montagnes.

C'est donc une bonne œuvre que de publier un livre qui renferme tous les renseignements utiles au

3*

succès d'une culture des plus agréables et des plus productives. Aussi nous avons l'espoir qu'il deviendra un compagnon fidèle de tous ceux qui s'occupent de la propagation du plus beau fruit légumier connu, et surtout de ceux qui ne sont pas familiers avec les soins qu'elle exige.

Art. 1er. — Historique de la culture du melon.

Art. 2. — Nomenclature des diverses espèces de melon.

Art. 3. — Des cultures de melon usitées.

Art. 4. — Composition du terreau.

Art. 5. — Disposition du lieu pour établir une melonnière.

Art. 6. — De la germination et de la transplantation.

Art. 7. — De l'emploi des cloches.

Art. 8. — De la taille.

Art. 9. — De l'arrosement.

Art. 10. — De la grêle.

Art. 11. — De la destruction des insectes.

Art. 12. — De la maturité.

Art. 13. — Des différentes manières de se servir du melon.

Art. 14. — De la conservation des graines.

HISTORIQUE DE LA CULTURE DU MELON.

Le melon est un fruit très-sucré, dont le goût tient à la fois de celui de la pomme, de la pêche, de l'ananas d'Amérique, de la fraise et du coing.

En comptant les graines que renferme un melon,

on est surpris de leur quantité et on ne peut s'empêcher de croire que la Providence n'ait voulu leur donner une mission étendue ; en effet, ce fruit si volumineux, si parfumé, croît avec une prodigieuse facilité dans les chaleurs, et il arrive en maturité lorsque toute nourriture est difficile, que la fraise si agréable a disparu au souffle de la chaleur, et que nul autre fruit ne se présente encore.

Aussi, l'introduction en Europe de la culture du melon est très-ancienne ; elle date des Romains, qui en rapportèrent des graines de l'Asie, après les premières guerres contre les Perses. Lucullus le faisait cultiver avec soin. L'empereur Tibère voulait qu'il en fût servi chaque jour à sa table, sans doute pour en encourager la culture ; néanmoins, ce ne fut que très-lentement qu'elle se répandit, et elle fut longtemps le privilége des princes et des grands seigneurs, surtout dans les pays froids où l'été est très-court comparativement aux pays méridionaux, et où l'on manquait de renseignements exacts ; cependant, dans les pays tels que l'Espagne et l'Italie, où la chaleur est très-grande, cette culture a fait des progrès très-étendus ; elle y est maintenant d'autant plus répandue qu'elle ne demande presque pas de soins dans ces pays chauds ; la Providence a placé ce fruit comme un bienfait dans les pays arides.

En France, jusqu'en 1793, le melon était très-peu connu. Il était rare d'en voir en vente aux marchés, aussi étaient-ils vendus 40 ou 50 fr. la pièce ; car la manière de les cultiver n'était pas répandue ; il n'y

avait que les maisons un peu considérables qui s'oc-
cupaient de cette culture ; ainsi, dans tous les châ-
teaux il y avait une melonnière, mais elle était close
de murs, et la personne au courant des soins à
lui donner, avait seule le droit d'y entrer. Cette
culture était entourée d'une foule de préjugés dont
le charlatanisme se faisait gloire. Mais depuis que les
moyens ont été connus des jardiniers, leur zèle s'est
emparé des instructions nécessaires à son succès, et
ils sont devenus les maîtres de cette production. Dans
certains pays, tels que Bordeaux, Toulouse, Coulommiers, et dans le Jura, Lons-le-Saulnier, on retire
de cette culture, chaque année, des sommes énormes
et qui varient pour quelques jardiniers depuis 2,000
jusqu'à 10,000 fr.

Aussi, cette culture tend-elle chaque jour à se
répandre parmi les propriétaires aisés à mesure que
les instructions d'une pratique exercée se répandent
parmi eux ; on peut donc assurer que le temps n'est
pas éloigné où tout possesseur d'une certaine aisance,
d'un jardin quelque peu étendu, voudra cultiver le
melon et pouvoir l'offrir à ses amis, à sa famille,
comme un témoignage de son affection. C'est pour
aller au-devant de ces heureuses prévisions que nous
avons composé ce petit livre, et que nous nous sommes
efforcé de le rendre le plus précis, le plus net possible, afin d'en rendre la lecture plus facile, en le
débarrassant de tout ce verbiage, de toutes ces his-
toires individuelles qui remplissent outre mesure le
plus grand nombre des livres sur ce sujet.

NOMENCLATURE DES DIVERSES ESPÈCES DE MELON.

Mon catalogue accuse depuis bien des années trente-sept espèces de melon, dont nous vendons les graines; mais un de mes amis, et amateur distingué, **M.** Année, m'en a procuré, de sorte qu'avec d'autres variétés nous avons pu élever notre liste à cinquante espèces et variétés dont voici les noms :

Melon cantaloup, boule de Siam ;
— — gros galeux de Portugal ;
— — fin hâtif de 28 jours;
— — noir des Carmes très-hâtif ;
— — noir de Hollande ;
— — orange petit hâtif ;
— — prescott ;
— — — à chair verte ;
— — — fin hâtif d'Angleterre ;
— — — fond blanc ;
— — — fond blanc et gris ;
— — — fond noir ;
— — du Mogol ;
— — — à chair verte ;
— — — à chair blanche,
— chito ;
— ananas d'Amérique à chair verte ;
— de Cavaillon ;
— d'hiver ;
— de Coulommiers ;
— de Honfleur ;

Melon de Malte à chair blanche ;
—   —   à chair rouge ;
—   d'Archangel ;
—   cul-de-singe excellent ;
—   Bologne ;
—   grimpant ;
—   tschatte, pesant de 8 à 9 kil. ;
—   d'Ispahan à chair blanche ;
—   Boukhara, très-sucré et parfumé ;
—   citron de Philadelphie ;
—   blanc de Chio ;
—   de Caroline à chair verte ;
—   de romain musqué ;
—   de Bulgarie ;
—   maraîcher de Paris ;
—   —   de Nantes ;
—   —   sucrin à petites graines ;
—   —   de Tours à chair blanche ;
—   moscatello à chair verte ;
—   —   à chair rouge ;
—   muscade de Perse et d'Odessa ;
—   —   des États-Unis ;
—   —   d'hiver à chair blanche ;
—   —   —   à chair rouge ;
—   noir du Japon ;
—   vert de Caboul ;
—   d'eau, pastèque à graine noire ;
—   —   à graine rouge ;
—   sucrin vert d'Espagne.

Nous avons encore pu augmenter par des hybridations, et on pourrait augmenter encore ces variétés par des rapprochements au moment de la floraison, et même en y ajoutant la présence d'autres fleurs parfumées. Le hasard plutôt que l'expérience amènera ces résultats.

Parmi les amateurs, les uns, par curiosité, cultivent alternativement ou simultanément toutes les espèces. D'autres cultivent ceux qui nécessitent peu de soins, tels que la boule de Siam, le prescott hâtif, qui donnent des fruits nombreux mais petits ; enfin, la plupart des véritables amateurs cultivent de préférence le gros cantaloup de Portugal, parce qu'il réunit à une chair fine, sucrée, un parfum supérieur, semblable à celui des fruits tropicaux.

Pour avoir, en melon, des primeurs sans se donner trop de peine, il est utile de semer de deux espèces, savoir : le cantaloup fin hâtif de 28 jours, qui est moins gros, mais qui mûrit en moins de temps, et le gros cantaloup de Portugal, qui exige plus de temps pour sa maturité. Par cette combinaison on obtient une première récolte hâtive qui finit quand la deuxième commence, et on a ainsi une récolte continuelle.

DES CULTURES DE MELON USITÉES.

Parmi les amateurs, les uns, mais ils sont peu nombreux, cultivent le melon en serre et en employant les procédés ordinaires pour avoir une chaleur suffisante de 15 à 25 degrés, c'est-à-dire, en se servant de calorifères ; ils obtiennent ainsi des sujets pendant l'hiver et à plus forte raison aux mois d'avril et de mai ; d'autres se servent de châssis ayant 1 mètre de largeur sur 1 mètre 50 c. de longueur, qu'ils placent sur une couche de fumier bien chaud de 50 cent. d'épaisseur, recouvert d'une quantité égale de bon terreau ; tous les dix ou quinze jours, ils soulèvent ce châssis au moyen de planches ou d'un grillage en bois ou en fer, pour retirer la première couche de fumier et la remplacer par une autre bien chaude, afin d'entretenir une chaleur autant que possible toujours égale. C'est ainsi qu'ils obtiennent des produits en avril et mai, ou, au plus tard, en juin, suivant que la saison est plus ou moins avancée. Tous sèment et font lever leurs graines préalablement dans de petits pots rassemblés sur une couche spéciale, faite d'après le mode indiqué plus haut, et sous un châssis, au mois de janvier ou février de chaque année, puis mis ensuite en place sous les châssis ou les serres qui leur sont destinés. Enfin, d'autres, et ce sont les plus nombreux, parce qu'il faut moins de frais et de soins, font lever leurs graines, ainsi qu'il est dit ci-dessus, dans les premiers quinze jours d'avril, et les mettent en place dans les quinze derniers jours d'avril, sur des buttes munies de cloches garnies de verre ou de papier huilé, et chauffées avec du fumier chaud, des herbes, des feuilles ou de la mousse, ou toute autre matière échauffante ; ils obtiennent ainsi des produits au mois d'août ou de septembre.

Ceux qui sèment sous cloche au mois de mai n'obtiennent des melons que dans les années entièrement favorables, jamais dans les années pluvieuses, à moins qu'ils n'aient un site tout à fait exceptionnel.

Pour semer en butte ou sur un plan droit, on trace une ligne droite, et on place les buttes ou les pieds de melon en suivant la ligne droite, mais à une distance égale, suffisante pour en approcher. Cette distance est plus ou moins grande, suivant le terrain dont on peut disposer.

Sur chaque butte on place trois pieds de melon, afin d'en conserver au moins un si les autres viennent à périr. Si le pied est seul, en opérant la taille rigoureusement au premier et au second nœud, on obtient plus vite des formes et des fruits plus beaux; mais la prudence engage à placer trois pieds au lieu d'un, ou à n'y avoir recours qu'exceptionnellement, pour avoir des fruits plus précoces.

Il faut, dans la distribution à donner aux buttes, faire preuve d'une grande régularité, afin qu'elle plaise au regard le plus difficile, et de manière qu'il soit visible qu'un maître exercé l'a dirigée, car les jardins ne sont pas faits seulement pour plaire sous le rapport des fruits, mais encore sous celui des fleurs, des feuilles, de la ponctualité.

Les passages autour des melons doivent toujours être d'une propreté irréprochable, et on doit les éviter pendant les pluies, afin de ne pas entraîner les terres.

COMPOSITION DU TERREAU.

Dans toutes les cultures soignées, il est d'usage de se servir avec abondance de terre neuve, c'est-à-dire de terre riche des éléments nécessaires à la reproduction des plantes. A plus forte raison, cette précaution doit-elle être suivie avec sévérité pour la culture du melon, car sa plante, éminemment vorace, absorbe une quantité telle de substances, que la terre qui lui a servi une fois, quelle que soit sa richesse, est entièrement appauvrie et ne peut plus lui servir une seconde année.

Pour avoir de bon terreau, il faut le composer de terre de bruyère ou de fossés, de fumier de cheval, de fumier de mouton, dans les proportions suivantes : trois douzièmes de terre de fossés, six douzièmes de fumier de cheval, et trois douzièmes de fumier de mouton.

Le tout doit être resté à l'abri des pluies pendant un an, avoir été bien tamisé et être bien fait, bien mélangé. Ce terreau, après avoir servi une première fois à la culture du melon, pourra être employé aux autres produits du jardin, mais en l'employant à être étendu sur la terre après les semences, pour activer leur germination.

DISPOSITION DU LIEU POUR ÉTABLIR UNE MELONNIÈRE.

Toute melonnière doit être placée dans le lieu le

plus chaud du jardin où l'on veut l'établir, sans crainte que la chaleur y soit trop grande. Par conséquent, elle doit être à l'abri des vents du nord, éloignée de plusieurs mètres des murs de clôture, des arbres, et des plantes légumineuses à haute tige, produisant de l'ombrage ou de la fraîcheur.

Si elle est exposée au vent du nord, on y remédie par une plantation, à bonne distance, de haricots, de pois à haute tige, ou de toute autre manière.

Les terrains écoulant facilement les eaux sont préférables aux terrains forts, et on doit leur donner la préférence, car il est facile d'y conserver la fraîcheur en répandant sur le terrain des pailles hachées, tandis qu'il est plus difficile d'en faire écouler les eaux.

Une melonnière doit toujours être exposée au midi, et les couches ou les buttes doivent avoir une direction dans ce sens, de manière à recevoir constamment tous les rayons solaires.

Cependant, si le terrain était très-sec, sablonneux, écoulant les eaux avec rapidité, et qu'il fût très-difficile de se procurer de l'eau pour arroser, il faudrait disposer le terrain pour planter, non pas en butte, mais au niveau du terrain et sur couche de fumier, de manière que celui-ci, en s'affaissant et ramenant le pied du melon plus bas que le niveau du terrain, y conserve plus facilement la fraîcheur.

Dans tous les autres cas, il faut planter en butte pour faire écouler les eaux; car si l'année était, comme celle de 1851, ou encore comme celle de 1854, extrêmement pluvieuse, on serait presque assuré de ne pas avoir de récolte, parce que les eaux pourriraient infailliblement les extrémités des racines, et enlèveraient tout espoir de succès. Les melonnières placées en buttes ont donc cet immense avantage d'être à l'abri des pluies continuelles ou torrentielles, et nous leur donnons la préférence dans tous les cas.

De la germination ou de la manière de semer les graines sous châssis, ou en pleine terre sans cloche ni châssis.

Parmi les amateurs, les uns, avant de semer, plongent pendant quelques heures, dans de l'eau sucrée ou du lait, les graines qu'ils destinent à leur culture, et ils les placent ensuite dans de petits pots de terreau, en les y enfonçant à 3 ou 4 centimètres de profondeur, et la pointe en bas, d'où doivent partir le germe et la racine. Ils ont soin de distinguer les espèces, et ils placent ces pots sur des couches de fumier ayant 15 ou 25 degrés de chaleur au plus.

D'autres se contentent de placer les graines sans précaution dans les petits pots, en ayant soin de les arroser avec de l'eau non froide aussitôt qu'ils les ont semés.

Tous sèment à différentes époques, suivant qu'ils veulent obtenir des fruits aux mois de mai, juin, juillet; mais pour que les plantes ne leur manquent pas, ils ont sans cesse des plants en réserve prêts à remplacer ceux qui, mis en place, viendraient à périr.

Pour obtenir des succès en pleine terre sans clo—

che ni châssis, il faut mettre, au mois d'avril, des graines dans un ou plusieurs pots de terre que l'on place dans un appartement chaud et aéré et sans les arroser autrement qu'au moment où on les place. On s'assure si la germination est commencée et on les met en place aussitôt qu'on sème les haricots en plein vent ou que la vigne commence à pousser. Il faut toujours avoir soin, si l'on sème en butte ou autre-ment, que la terre soit bien préparée et que rien ne s'oppose au développement des racines ; on suit en-suite les différentes prescriptions indiquées pour la taille, l'arrosement et la maturité.

Si on possède des verres ou châssis et du fu-mier chaud, on fait germer les graines au mois de mars et on les met en place au mois d'avril sur des buttes formées de fumier chaud; la végétation, activée, et par le soleil, et par le fumier chaud, et par les clo-ches ou châssis, fait des progrès tels, que le pied donne des promesses dans les premiers jours de mai, et des fruits mûrs au mois de juin, si on a semé une espèce précoce en suivant toutes les prescriptions indiquées dans notre précis.

DE LA TRANSPLANTATION.

Pour transplanter avec succès un pied de melon, il faut beaucoup de précautions. D'abord, cette opé-ration ne doit jamais avoir lieu que par un temps chaud, à l'heure de midi, et après que la terre où la plante doit être mise a été réchauffée par les rayons du soleil et par une cloche ou châssis. Il faut toujours avoir soin d'enlever la terre où doit être placée la plante, de manière que l'intérieur de la terre soit chaud et qu'il n'y ait qu'à y poser la plante ; il est même très-utile d'y placer le pot qui la renferme avant de la dépoter, afin que la terre ait le même degré de chaleur.

Ces précautions prises, on ôte la plante du pot en le renversant, et on la met à la place préparée, en ramenant contre elle la terre qui en a été enlevée, mais sans la presser, afin de permettre aux racines de s'étendre le plus promptement possible. Il ne faut jamais enlever ou couper les racines, et il faut choisir de préférence les pots qui en ont le moins ; les plantes qui n'ont que deux ou trois feuilles en ont ordinairement peu.

On doit suivre les mêmes précautions lorsqu'au lieu de semer dans des pots, on a semé sous couche ; seulement il faut enlever, soit avec les mains, soit avec un instrument, la terre qui enveloppe les racines du pied qui doit être transplanté, de manière à ce que ce changement soit pour la plante le moins sensible possible et que les racines ne soient pas mises à découvert. Cette manière de planter retarde toujours la végétation, à moins que la plante étant peu avancée, n'ayant que deux feuilles, ait peu de racine. Nous préférons planter dans des pots, et encore davantage planter des graines germées, ainsi que nous l'avons expliqué.

Mais nous indiquons ces précautions aux personnes

qui veulent semer en pot, parce qu'elles sont utiles et qu'elles retarderaient la végétation de dix ou quinze jours si elles ne les suivaient pas avec attention.

DE L'EMPLOI DES CLOCHES.

Les cloches ont deux buts : augmenter ou conserver la chaleur et garantir les plantes des trop grandes fraîcheurs ou des trop grandes pluies.

Lorsqu'elle est jeune, la plante du melon craint extraordinairement le froid. Les changements subits de température, les courants d'air lui sont tout à fait préjudiciables, lorsque le thermomètre ne s'élève pas au-dessus de 10 degrés. La cloche doit donc l'en préserver, et si elle a besoin d'air, il suffit, au moment où le soleil envoie ses rayons, de onze heures à une heure, de lui en donner en pratiquant, du côté du midi, une ouverture qu'on referme ensuite en y mettant la terre qui en a été sortie ; on augmente l'ouverture suivant la chaleur, à mesure que la plante grandit et en a un besoin plus grand. Lorsque le pied a grandi et produit des branches latérales qui ne peuvent plus tenir sous la choche, et que le thermomètre se maintient pendant la nuit à 12 ou 15 degrés, on la tient alors soulevée, en se servant de bois à crochet ou disposés à cet effet. On la soulève ou l'abaisse, suivant l'élévation de la température, en enfonçant dans la terre ces petits morceaux de bois, ou en se servant des crochets disposés à bonne distance les uns des autres.

Dans les années pluvieuses, il est presque impossible d'obtenir de bons melons sans semer en butte élevée pour laisser écouler les eaux, et sans avoir des cloches pour les préserver de la pluie. Lorsqu'on n'a ni cloche, ni châssis, on y remédie en se procurant de fort papier que l'on dispose en le collant en forme de grand entonnoir, et que l'on place ensuite sur des branches disposées en courbe sur chaque pied de melon et fixées en terre. L'extrémité de ces entonnoirs en papier est ensuite arrêtée, au moyen de pierres placées dessus, pour empêcher l'air de les enlever.

DE LA TAILLE.

Autrefois on ne taillait pas le melon, il en résultait qu'il ne pouvait accomplir sa mission qu'à force de précautions et en le faisant venir dans des serres ; aussi la dépense était telle que ce beau fruit n'était, en France, que le privilége des grosses bourses. Il fallait alors six mois pour obtenir un melon, tandis qu'aujourd'hui, grâce à la sagesse de la taille, avec laquelle on dirige où l'on veut, sur l'étendue d'un pied de melon, la sève de son pied, on obtient en quelques mois un melon, précisément pendant le temps des chaleurs. Par conséquent, la taille est pour les melons une opération impérieuse, rigoureuse, et on peut dire avec assurance : pas de melon parfait sans la taille. Destinée à hâter le fruit, elle est donc de la plus grande importance. Par conséquent, encore, et en règle générale. aussitôt qu'une branche ne se met pas à fruit au deuxième ou troisième nœud. il faut l'arrêter pour amener le développement d'une autre branche qui s'y mettra, et agir ainsi successivement jusqu'à ce que le fruit arrive.

La taille se pratique en pinçant ou coupant avec un instrument quelconque, un couteau ou le doigt. l'extrémité de la tige.

On distingue plusieurs tailles :

La première taille se pratique *au-dessus* de la quatrième feuille, par conséquent tout ce qui *dépasse* la **quatrième** feuille est coupé. Elle a pour but de forcer le développement de deux branches latérales, l'une au-dessus de la troisième feuille et l'autre au-dessus de la quatrième. Il faut avoir soin de ne pas toucher au bourgeon de cette quatrième feuille en faisant cette taille, lorsque la branche n'en est pas encore développée. On supprime en même temps les bourgeons ou les branches qui se montrent au-dessus de chacun des cotylédons ou des deux feuilles séminales qui sont ovales, parce que les branches latérales qu'elles produisent ne fournissent ordinairement pas de fruits, et que ces branches donnent beaucoup de branches gourmandes dont il sera parlé plus loin.

Après cette première opération, les bourgeons qui se trouvent au-dessus de la troisième et de la quatrième feuille produisent des branches qu'on appelle premières branches latérales. Aussitôt qu'elles ont poussé quatre feuilles ou quatre nœuds, on les taille de la manière indiquée plus haut, afin de forcer le développement des branches latérales. Quelques amateurs arrêtent après la deuxième feuille, mais, suivant nous, c'est inutile. Enfin, il en est d'autres qui ne les taillent ou arrêtent que lorsque les formes se sont produites, sauf à s'en repentir ensuite. Le véritable procédé est d'arrêter à la quatrième feuille, parfois à la troisième et rarement à la deuxième feuille, suivant la vivacité de la plante et pour ne pas avoir les formes et les melons à la même époque. On appelle cette opération DEUXIÈME TAILLE.

La première branche ainsi arrêtée, les bourgeons qui se trouvent au-dessus des feuilles poussent d'autres branches qui se mettent rapidement à fruit. On opère successivement sur les branches qui viennent ensuite de la même manière, mais il est rare qu'elles se produisent sans présenter des fruits. On arrête en même temps et souvent on supprime toutes les branches plates qui filent, parce qu'elles dénourrissent la plante sans donner de fruits. On ne touche pas à l'extrémité de la branche où se montre la fleur à melon, autrement dit la promesse, afin d'attirer sur elle la végétation ; cependant, si le melon ne se nouait pas, c'est-à-dire si la fleur qui l'accompagne ne tombait pas et que l'extrémité de la branche continuât à s'agrandir de plusieurs nœuds, on arrêtera légèrement l'extrémité de la branche où la fleur se produit, parce qu'alors la branche filerait en absorbant dans ce développement la végétation au préjudice du fruit.

Enfin, quand le melon est noué, que la fleur a

disparu, on arrête la branche un nœud plus loin que celui où est le melon, et on le laisse bien posé sur la terre. S'il y a plusieurs formes à chaque pied, on en laisse une à chaque branche latérale, ou deux par chaque pied. Lorsque les buttes ont trois pieds. on dit alors que le melon est partout arrêté. Mais si le terrain est riche et qu'il n'y ait qu'un pied par chaque butte, on en laisse trois, quatre, cinq et quelquefois six par chaque pied, en ayant soin de supprimer ceux qui sont les plus éloignés ou du pied ou du cœur de la plante, ceux qui sont tordus ou inexacts dans leurs côtes, ou dont la branche ne paraît pas forte ou bien nourrie ; on supprime à plus forte raison toutes les promesses ou fleurs à melon. En général, moins on laisse de melons à chaque pied et plus ceux qui restent deviennent volumineux, plus nourris, plus fins, plus délicats. C'est le moment de supprimer les branches gourmandes, que nous avons désignées sous le nom de branches qui filent ; celles tordues ou pâteuses ; enfin d'arrêter la végétation en pinçant l'extrémité de toutes les branches sans exception. On supprime aussi toutes les petites fleurs de manière à transporter ou forcer la végétation à se porter sur les fruits conservés.

Il est prudent de faire toutes ces opérations à quelques jours d'intervalle, mais il faut les suivre attentivement et ne pas perdre de temps, pour que tous les melons soient arrêtés définitivement le plus tôt possible.

On doit conclure de ce qui précède, que tous ces soins sont de rigueur et qu'ils doivent être donnés ponctuellement et sévèrement avec beaucoup d'attention. Ce travail terminé, on n'a plus qu'à arroser quelquefois, ainsi qu'il est prescrit au paragraphe de l'Arrosement, et attendre la maturité.

Mais, s'il était arrivé que, par suite d'éloignement, on n'eût pu faire ces différentes opérations que successivement à mesure du développement, et que le temps fût propice, on réussirait encore en les faisant toutes à la fois, sans craindre d'enlever une multitude de branches. Les promesses se présenteraient rapidement quelques jours après, et on agirait alors en arrêtant les branches ainsi qu'il est dit plus haut.

DE LA PLUIE ET DE L'ARROSEMENT.

Il faut éviter d'arroser le pied de la plante à melon lorsqu'elle est jeune et qu'elle n'a pas de forme, à moins qu'il n'en ait extrêmement besoin, et, dans ce cas, arroser sans mouiller les feuilles, en introduisant l'eau à bonne distance du pied sur le fumier, à l'aide d'une ouverture pratiquée avec un bâton, s'il n'a que des fleurs, autrement les fleurs destinées à prendre des formes couleraient, parce que la trop grande humidité empêcherait le pollen des fleurs mâles d'être porté sur les fleurs femelles, ou, pour être plus technique, empêcherait la fécondation.

Mais le fruit du melon arrivé, ou aussitôt que le melon est noué et partout arrêté, en un mot que la plante a des promesses, si la chaleur est grande, si

le thermomètre accuse à l'ombre 20 à 25 degrés de
chaleur, comme il arrive ordinairement au mois
de juin ou de juillet, il faut à pleines eaux arroser souvent, c'est-à-dire tous les trois ou quatre
jours, suivant les circonstances et la vigueur de la
plante. On doit choisir de préférence le matin, une
heure après que le soleil leur a envoyé ses rayons. Il
ne faut jamais arroser à midi, lorsque le soleil est brûlant, parce que la fraîcheur qui se produirait subi-
tement dans la terre brûlerait les racines, surtout les
extrémités qui sont très-sensibles.

Rigoureusement il faut se servir d'eau claire et
pure après qu'elle a été exposée au soleil pendant
plusieurs jours et qu'elle est au niveau de la température atmosphérique. L'eau de puits ou de source
froide est fatale; l'eau sale ou de fumier ne doit pas
être jetée sur les feuilles, mais seulement sur la
terre et à distance du cœur de la plante. Si le terrain
de la plante est pauvre, on pourra activer la végétation
en plaçant du fumier sur les racines et arroser
ensuite.

Il ne faut pas craindre d'arroser souvent, à pleines
eaux, rapidement, de manière à imiter sur les feuilles
la rosée des nuits, sans mouiller la terre qui couvre
le pied de la plante ; cette opération, commencée dès
que le melon aura atteint la grosseur d'un œuf,
devra être continuée pendant les quinze premiers
jours, si la chaleur l'exigeait et que pendant tout ce
temps le ciel ne leur envoyât aucune humidité,
aucune rosée.

L'arrosement est pour le melon d'une grande utilité pour activer son développement, lorsque les chaleurs sont excessives, mais il faut en user avec beaucoup de précautions lorsque le temps n'est pas certain, et dans le doute, il est très-prudent de ne pas arroser ou d'arroser très-peu, seulement pour humecter les feuilles, car la trop grande humidité devient pour le melon un fléau, en ce qu'il rafraîchit surabondamment la terre et arrête promptement la végétation. Cependant on assure qu'en Chine, on fait plonger constamment les racines des melons dans l'eau pure ; en supposant que ce rapport soit exact, nous ne l'admettons qu'autant que la chaleur y serait excessive ; or, rien dans nos connaissances ne nous porte à croire qu'en Chine la chaleur soit tropicale : aussi rejetons-nous sans crainte cette manière de traiter le melon dans les grandes chaleurs, pour nous en tenir à nos expériences, et nous engageons, au contraire, les cultivateurs à préférer la sécheresse à l'abondance des eaux : l'un ne nous a jamais nui ; l'autre a perdu souvent, très-souvent, les récoltes de nos confrères qui ne prenaient pas nos précautions ; cependant, dans les pays chauds nous conseillons les procédés chinois, surtout dans nos colonies africaines, où les chaleurs sont tropicales.

DE LA GRÊLE.

La grêle est pour le melon un ennemi redoutable : elle n'épargne rien, pas même l'instrument ; mais un amateur habile aura prévu ce désastre en tenant disposés, près de sa melonnière, des tapis, des paillassons en paille, des planches, enfin tout un appareil qu'il aura cru apte à conjurer ce désastre, et il en couvrira sa melonnière aussitôt que l'orage s'annoncera. Chaque année il aura la jouissance de se louer de sa prudence et d'avoir des melons d'autant plus agréables qu'ils seront plus rares.

Si cependant les melons avaient été atteints par l'orage, à défaut de cette précaution, il faudrait supprimer les branches fortement atteintes, de manière à forcer le pied, en se développant par les branches non atteintes, à donner de nouveaux fruits. Enfin, si la saison était très-avancée et les fruits prêts à arriver à maturité, il faudrait se contenter d'enlever les branches trop écrasées et activer la végétation en mettant, au pied de la plante et sur les racines, une bonne couche de fumier ; bien entendu on n'emploiera que du fumier de cheval, de mulet ou d'âne, pour ainsi dire encore chaud et recouvert de paille sèche ; de cette manière on réparerait jusqu'à un certain point le désastre.

DE LA DESTRUCTION DES INSECTES.

Il n'est pas étonnant que la plante du melon soit, dans sa jeunesse, entourée d'ennemis plus ou moins redoutables, car tous les soins dont on l'entoure concourent à les appeler. En effet, la chaleur est pour les fourmis et pour les taupes-grillons une condition de leur existence, et il en est de même pour les autres insectes, surtout pour les limaces, quand on y joint de l'eau et des plantes jeunes et tendres.

On éloigne les fourmis et les taupes-grillons en mélangeant le terreau avec de la graine de lin pilée ou avec de la graine de choux écrasée, ou encore en y ajoutant quelques grains de camphre, mais de manière qu'il ne puisse donner son odeur au melon ; l'éloigner du pied.

L'eau dans laquelle on a fait séjourner de la graine de choux écrasée, répandue dans la terre où ces insectes séjournent, les force à élire ailleurs leur domicile ; et ce moyen, dont nous nous servons, nous réussit entièrement ; aussi, nous le conseillons de préférence à tout autre.

Quelques personnes emploient aussi contre les courtillères ou taupes-grillons l'huile grasse, en en introduisant quelques gouttes dans les trous qu'elles forment, et à la partie où ce trou descend dans la terre perpendiculairement ; elles chassent ensuite cette huile avec de l'eau qu'elles introduisent dans le trou, et l'insecte touché par l'huile vient mourir à l'orifice. Mais ce moyen, très-difficile en ce qu'il faut suivre le conduit de l'insecte jusqu'à son dernier gîte, est impossible dans les terres légères ; aussi nous ne le mentionnons que pour le cas où on n'aurait pas de graine de choux ou d'autres graines grasses à employer, ainsi que nous l'avons dit plus haut.

On nous a assuré, mais nous n'en avons pas fait

l'expérience, que la présence dans un jardin d'une ou deux tortues suffit pour en éloigner les courtillères ; aussi nous donnons ce moyen sous toutes réserves.

Quant aux limaces ou limaçons, on les éloigne en entourant les plantes de cendres : le sel qu'elles renferment les pique et les empêche de passer, ou les fait périr ; ou avec de la paillette d'orge, ce qui est préférable, car cette paillette les empêche totalement de marcher.

On peut aussi se servir du son provenant de la farine : ils mangent avec avidité cette pellicule, qui les gonfle et permet ensuite de les tuer facilement aussitôt qu'on fait l'inspection des couches, le matin ou au lever du soleil.

En résumé, et comme on doit l'avoir compris, il faut une grande surveillance, une vigilance quotidienne pour réussir à conserver de jeunes plantes de melon. Un jour suffit pour la disparition d'une plante ; par conséquent, si on se relâchait de ces précautions, on aurait tout lieu de craindre un insuccès ou la perte de tous les soins qu'on aurait pris. Il est prudent d'initier les gens de sa maison à ces soins, afin que la surveillance soit plus grande, plus assurée.

DE LA MATURITÉ DU MELON.

Le melon, aussitôt qu'il a été arrêté, dans les grandes chaleurs surtout, et dans les conditions fixées

plus haut, arrive rapidement à une grosseur extraordinaire, suivant les espèces, et qui est telle qu'elle
fait croire facilement à sa maturité quand on n'est pas
habitué à la reconnaître.

Dans la variété cantaloup, la maturité s'annonce :
1° par la couleur, qui devient jaune de verte qu'elle
était partout ; 2° par un parfum, que le melon répand
alors, analogue à celui d'une pomme avancée en maturité, ou encore à celui d'un fruitier garni de fruits,
au moment où on en ouvre la porte ; 3° enfin, et ce
dernier signe est assuré, par un trait jaune qui se forme
autour de la queue, et qui, en se développant, la
détache en soulevant l'épiderme. On dit alors que le
melon se détache et qu'il est mûr. En terme de jardinier, il est frappé.

Dans la variété des melons verts ou d'eau, ils ne
répandent qu'une odeur imperceptible et changent
peu de couleur. L'unique symptôme est également à
la queue, qui se couronne ou paraît se détacher, et
enfin qui finit par se détacher entièrement. Suivant
quelques amateurs, la base atteste plus de flexibilité
et résiste moins au doigt ou à l'épingle qu'on y enfonce pour s'en assurer ; mais ce moyen peut tromper,
et nous ne le mentionnons qu'avec toute réserve.

Le melon arrivé à maturité dans les grandes chaleurs doit être coupé aussitôt après les premiers rayons
du soleil, et doit être conservé à l'ombre dans un lieu
frais. Si l'atmosphère est froide ou fraîche, au mois de
septembre par exemple, on attendra pour le couper
qu'il soit bien fait, ou on ne le coupera qu'au moment

de le manger, à midi, et toujours après que le soleil l'aura pour ainsi dire inspiré, échauffé de ses rayons pendant plusieurs jours depuis celui où il aura annoncé sa maturité.

On reconnaît tous les melons coupés avant leur maturité, la première variété à ce fait qu'ils ne répandent pas d'odeur, et tous à la queue, qui ne se détache pas; enfin, quand ils sont ouverts, à l'eau qu'ils renferment avec plus ou moins d'abondance, suivant qu'ils ont été coupés depuis plus ou moins longtemps. Le melon coupé avant sa maturité perd toute sa plus grande valeur, car la maturité n'étant que le commencement de la décomposition, doit arriver de l'extérieur et non pas de l'intérieur du melon, où la végétation doit, par son abondance, opposer de la résistance. Généralement tous les fruits sont de même; seulement pour les conserver on peut les couper quand la maturité est au tiers commencée, et les mettre dans un endroit propice pour la compléter.

Il est rare, très-rare de pouvoir acheter dans les marchés publics, non pas un melon réellement bon, mais seulement passable, parce que ce fruit est presque toujours enlevé de sa tige avant sa maturité. Les signes auxquels on devra reconnaître les melons qui sont bons sont indiqués plus haut, et il faudra rejeter avec assurance ceux qui n'en seront pas marqués; autrement on sera presque assuré d'avoir à s'en repentir; mieux vaut pas de melon qu'un melon qui n'en aura que le nom; autant il fera plaisir s'il est bon, autant il déplaira s'il ne l'est pas; et l'on

devra s'estimer très-heureux s'il ne cause pas d'in-
digestion.

En résumé, lorsqu'on veut avoir un bon fruit,
une excellente pomme ou poire, on ne le détache pas
de l'arbre aussitôt qu'il a acquis sa grosseur, pour
ensuite le faire mûrir à l'ombre ou dans des herbes
sèches, on attend qu'il ait mûri naturellement sur
l'arbre; il en est de même du melon. Il est vrai
qu'alors on ne pourrait en envoyer en grande quantité des pays éloignés, comme la Provence, par
exemple, même avec nos moyens actuels de trans-
port. Pourtant il vaudrait mieux expédier les melons
arrivés à l'état de maturité, car cueillis trop tôt ils
n'ont ni parfum ni bonté et sont de véritables courges
à dyssenterie ou à colique.

DES DIFFÉRENTES MANIÈRES DE MANGER LE MELON.

Parmi les amateurs, les uns mangent le melon au
naturel; d'autres le mangent en employant le sel et
le poivre pour en activer la digestion; enfin d'autres,
au lieu de sel et de poivre, se servent de sucre.

On ne peut raisonnablement discuter sur les différents goûts, aussi nous ne rapportons ces différentes
manières que pour en avertir le lecteur. Pour les
estomacs faibles, le sucre, ou le sel et le poivre sont
toujours d'un bon usage pour activer la digestion, et
surtout il est bon de boire le vin pur en le mangeant.

En Espagne, on traite l'écorce du melon comme les
fruits confits, et on en fait une excellente confiture
qu'on mange en hiver; il existe en France plusieurs

localités où on en agit ainsi, mais nous croyons plutôt à des essais qu'à des usages, car il existe une infinité de fruits dont la confiture est assurée et qui doivent empêcher l'emploi du melon.

A Paris, on voit assez souvent des melons confits placés aux étalages des magasins de confiseurs. Nous pensons qu'ils sont ainsi traités plutôt comme objets de curiosité, pour attirer les regards des passants, que pour en avoir une vente avantageuse.

Ajoutons que le melon est éminemment rafraîchissant et que sa graine fournit également une boisson rafraîchissante recommandée dans plusieurs maladies.

DE LA CONSERVATION DES GRAINES.

Pour conserver la graine de melons, les uns lavent les graines, c'est une mauvaise méthode, nous ne l'approuvons pas ; les autres prennent les graines et ce qui les enveloppe, mais tous les font sécher à l'ombre, en ayant soin de ne se servir que des graines de melons arrivés à maturité dans de bonnes conditions, exempts de tout mélange, de manière que l'espèce soit bien caractérisée.

Enfin, il est des amateurs qui laissent pourrir sur pied le melon qu'ils ont l'intention de conserver ; mais nous croyons que cette précaution est inutile et qu'il suffit de faire sécher les graines avec toutes les matières internes qui les enveloppent ; lorsqu'elles sont sèches, on les dépouille de ces enveloppes et on les

enferme dans des sacs de papier que l'on place ensuite dans un lieu sec.

Il est d'usage parmi plusieurs amateurs de ne se
servir que des graines ayant plusieurs années d'existence et de ne faire des graines que des melons reconnus par eux supérieurs; ils portent le scrupule jusqu'à
n'employer que les graines qui sont au cœur du melon,
et ils rejettent celles qui sont aux extrémités. Mais
nous croyons que toutes ces précautions sont inutiles et
qu'il suffit de se servir des graines bien nourries de
bons melons séchés avec leurs dépouilles, et lorsqu'elles ont deux ou trois années d'existence. Ils rejettent
celles qui sont minces et mal nourries; nous agissons
de même. Cependant, on peut se servir de graines
nouvelles ; quelques amateurs prétendent qu'elles
sont préférables en ce qu'elles hâtent la maturité.
Nous avouons ne pas avoir suffisamment fait cette
épreuve pour pouvoir la conseiller à nos lecteurs ;
nous nous bornons à dire que nous en sommes à
l'essai, nous réservant de faire part de nos résultats
à une autre époque.

EXTRAIT DE MON OUVRAGE

SUR

la maladie des pommes de terre en 1848

CONSEILS

D'UN AGRICULTEUR A SES CONFRÈRES,
AFIN DE CONNAITRE LES SOLS ET LES ENGRAIS
QUI CONVIENNENT A CHACUN D'EUX.

L'agriculture, ou l'art de cultiver la terre, remonte au commencement des siècles, même aux fils d'Adam.

Le but du cultivateur étant, en cultivant le sol, de lui faire produire les plus belles récoltes au moindre coût possible, et cela sans trop retirer au sol de ses qualités productives; se conformer, pour la nature des récoltes que l'on veut obtenir, à la nature des terres, et employer les engrais dans de justes proportions, telle doit être la règle invariable de tout bon cultivateur.

Pour arriver à ce résultat, il est indispensable de connaître de quelles matières se composent les substances végétales.

Nous allons examiner cette question.

Les substances végétales se composent de deux parties : l'une, combustible, qui se nomme partie *organique;* l'autre, incombustible, nommée partie *inorganique.*

Un seul exemple doit suffire pour donner une idée de ces deux parties :

Que l'on allume un brin de paille ou une allumette, aussitôt la plus grande partie, la partie *organique,* disparaît sous l'action du feu; tandis que la partie *inorganique* reste seule, mais en très-minime quantité. sous la forme de *cendre.*

On remarquera facilement que, dans toutes les substances végétales, la partie *organique* est toujours plus considérable que l'autre partie. L'on peut s'en convaincre par cet exemple :

Que l'on brûle 50 kilos de bois ou de paille : en pesant les cendres produites, l'on s'assurera que cette partie inorganique ne donnera que la quatre-vingt-dixième ou quatre-vingt-dix-huitième partie du poids primitif.

DE LA PARTIE ORGANIQUE DES PLANTES.

Examinons maintenant de quels corps se compose ce qui constitue la partie organique des plantes.

La partie organique des plantes se compose de quatre corps élémentaires, nommés *carbone, hydrogène, oxigène* et *nitrogène* ou *azote;* ces quatre parties réunies forment la plante.

Vous êtes grand, Seigneur, jusque dans la moindre de vos œuvres !
Dans une simple plante vous faites voir que, sans ce grand principe de

l'unité, il n'est rien de stable. Vous l'avez dit, sans l'unité tout tombe en ruine, même les royaumes. Impies qui blasphémez sa Trinité trois fois sainte, interrogez une faible plante, elle vous dira plus que tous vos grands philosophes ne sauraient vous dire ; elle vous dira que tout est soumis à ce grand principe de l'unité, et que sans lui tout est chaos !

Analysons chacun des quatre corps élémentaires dont nous venons de parler, et la manière de les produire.

Qu'est-ce que le *carbone ?*

Le *carbone* est une substance solide, généralement noire, sans saveur ni odeur, qui brûle plus ou moins facilement. Le charbon de bois, le noir de fumée, le coke, la mine de plomb et le diamant sont des variétés de carbone ; et malgré le peu d'analogie que quelques-unes de ces substances paraissent avoir entre elles, elles sont essentiellement identiques quant à la nature.

Qu'est-ce que l'*hydrogène ?*

L'*hydrogène* est un air inflammable, tel que le gaz qui s'extrait de la houille. Ce gaz, sans aucun mélange, est mortel à respirer ; mélangé avec l'air ordinaire, il s'enflamme au contact d'une flamme quelconque, et fait explosion.

L'*hydrogène* est la plus légère des substances connues.

On peut produire de l'*hydrogène* en mettant dans un verre long comme les verres à bière ou à champagne un peu de zinc ou même de limaille de fer ; l'on versera sur l'une de ces substances quelques gouttes d'huile de vitriol (acide sulfurique), en délayant le tout dans le double de son volume d'eau.

Après avoir couvert le verre pendant quelques minutes, il suffira d'y introduire une allumette enflammée pour déterminer une explosion.

On peut se servir d'*hydrogène* comme éclairage, en répétant la même expérience ; seulement, au lieu d'un verre, l'on prendra une fiole ou une bouteille, au bouchon de laquelle on aura ménagé une légère ouverture. Aussitôt que le gaz, en se produisant, aura chassé l'air renfermé dans la fiole ou bouteille, en approchant une flamme de la petite ouverture ménagée au bouchon, l'on obtiendra l'effet d'un bec de gaz. Après avoir retiré le bouchon de la bouteille remplie de gaz, si vous y plongez une bougie allumée, elle s'éteindra aussitôt, et le gaz continuera de brûler à l'extérieur.

L'*oxigène* est une espèce d'air dans le milieu duquel une bougie peut parfaitement rester allumée, et sans lequel nous ne pourrions vivre, car il est indispensable à l'appareil respiratoire. L'*oxigène* est plus pesant que l'*hydrogène*, ou l'air ordinaire ; il entre pour un cinquième dans la composition de l'atmosphère.

Le mode le plus facile pour produire l'*oxigène* est de chauffer de l'*oxide rouge de mercure* dans une petite cornue, au moyen d'une *lampe à esprit de vin*. L'on recueille le *mercure métallique* distillé, au fur et à mesure qu'il découle de l'embouchure de la cornue, ce qui rend ce procédé peu coûteux, car 1 livre d'*oxide rouge*, coûtant 8 francs 50 centimes, produit environ 14 onces de *mercure métallique* de la valeur de 6 fr.

On peut encore produire le *gaz oxigène*, soit en mélangeant dans une cornue de l'*acide sulfurique* (huile de vitriol) avec de l'*oxide de maganèse* noir en poudre fine, et chauffant le tout à l'aide d'une lampe à esprit de vin ; soit en mettant dans un mortier un poids égal d'*oxide de cuivre* et de *chlorate de potasse*, puis en mettant ce mélange dans une cornue, toujours chauffée de la manière énoncée ci-dessus. Ce dernier procédé est le plus expéditif.

Le gaz *nitrogène* (ou azote) est une espèce différente des précédentes ; comme dans l'hydrogène, une bougie n'y pourrait brûler, un être quelconque y vivre. Contrairement à l'*hydrogène, l'azote* n'est pas inflammable ; il est un peu plus léger que l'air atmosphérique, dont il forme les 4/5es.

Le mode le plus facile pour la production du *nitrogène* ou *azote* est de mélanger une certaine quantité de sel ammoniac avec moitié de son poids de salpêtre, l'un et l'autre en poudre, et de les chauffer dans une cornue sur une lampe à esprit de vin ; le gaz qui s'en dégage se condense sur l'eau.

Toutes les substances végétales ne contiennent pas, dans leur partie *organique*, les quatre corps élémentaires ; loin de là, car la majeure partie n'en contient que trois, qui sont : le *carbone*, l'*hydrogène* et l'*oxigène*. Entre autres substances qui ne contiennent que ces trois corps élémentaires, nous citerons l'*amidon*, la *gomme*, le *sucre*, les *fibres de bois*, les *huiles* et les *graisses*.

DE LA PARTIE INORGANIQUE DES PLANTES.

En examinant les substances qui composent la partie *inorganique* des plantes, nous les trouvons au nombre de huit à dix, savoir: la *potasse*, la *soude*, la *chaux*, la *magnésie*, l'*oxide de fer*, l'*oxide de manganèse*, la *silice*, le *chlore*, l'*acide sulfurique* (huile de vitriol), et l'*acide phosphorique*.

Qui donc a mis toutes ces substances dans un seul corps? Est-ce le hasard? Oh non! car le hasard fait la confusion; mais c'est vous, sagesse éternelle, infinie, à qui tout ce qui est grand, bon, sage et utile, doit se rapporter; car, que n'avez-vous fait pour être utile à l'homme!

Procédons maintenant à l'analyse de toutes les substances dont nous venons de donner la nomenclature, et qui composent la partie inorganique des plantes.

La *potasse* ordinaire du commerce est une poudre blanche d'une saveur alcaline, et qui, d'abord humide, devient tout à fait liquide, lorsqu'on l'expose un certain laps de temps au contact de l'air. La potasse s'obtient en lessivant des cendres de bois avec de l'eau et en faisant bouillir le liquide jusqu'à dessiccation parfaite.

La *soude* du commerce est une substance vitreuse, cristalline, qui, de même que la *potasse*, a un goût alcalin ; mais elle diffère entièrement de la *potasse*, sous ce rapport qu'exposée à l'air, la *soude* devient sèche et pulvérulente.

La *soude* se fabrique généralement au moyen du

sel marin. Un échantillon de *cristallisation de soude* donne une idée assez juste du *cristal*.

Ce que l'on appelle *chaux* ou *chaux vive* est une substance blanche et terreuse qui s'obtient par la calcination de *pierres à chaux* communes, soumises à l'action du feu. La *chaux* a une saveur brûlante, elle s'échauffe et se dilate en jetant de l'eau dessus.

La *magnésie* est une poudre blanche qui se vend dans le commerce sous le nom de *magnésie calcinée;* sa saveur est presque nulle. On l'extrait de l'eau de mer et de certaines roches calcaires, nommées *pierres calcaires de magnésie.*

L'*oxide de fer* ou *rouille* n'est autre que le *fer* lui-même qui se combine avec le *gaz oxigène* qui se trouve dans l'air.

Lorsque les métaux se combinent avec l'*oxigène*, les substances produites par cette combinaison prennent le nom d'*oxides.*

La *silice* (silex) est le nom donné par les chimistes aux *pierres à fusil* et au *cristal de roche* ainsi qu'au *sable.*

Le *chlore* est une espèce d'air d'une teinte vert-jaunâtre et d'une odeur suffocante; dans le milieu de cet air, une bougie ne jette qu'une lueur languissante et fumeuse. Le *chlore* existe en proportion notable dans le *sel ordinaire.*

On peut obtenir le *chlore* en exposant dans une cornue, à une chaleur modérée, un mélange d'*acide muriatique* et d'*oxide noir de magnésie.*

L'*acide sulfurique* ou *huile de vitriol* est ur li-

quide huileux et d'une àcreté extrêmement corro-
sive. Il s'obtient par la combustion du *soufre* et du
nitre.

L'acide sulfurique existe dans le *gypse* (plâtre ordinaire), dans l'*alun*, dans les sels de *Glauber* et
d'*Epsom*.

Pour établir la différence qui existe entre l'*acide sulfurique* pur et les substances qui en contiennent, il
suffira de tremper un brin de paille dans l'*acide sulfurique ;* aussitôt ce brin de paille se carbonisera, effet
qui ne se produit pas dans le *gypse*, l'*alun*, les *sels
de Glauber* et d'*Epsom*, qui, quoique contenant de
l'acide sulfurique, n'ont aucune de ses propriétés
corrosives.

L'acide phosphorique est également une substance
très-àcre, qui se forme par la combustion du *phosphore* au contact de l'air. Le *phosphore* existe en
grande quantité dans les os des animaux.

La fumée blanche et épaisse que produit le *phosphore* en brûlant est l'*acide phosphorique*. Exemple :
en frottant sur le papier de verre une allumette chi-
mique sans explosion, et cela assez doucement pour
qu'elle ne s'enflamme pas, vous obtenez l'odeur du
phosphore ; en l'enflammant, vous obtenez l'*acide
phosphorique* par la fumée qu'elle dégage.

Toutes les substances que nous venons d'analyser
se rencontrent dans la partie inorganique des plantes.

Quant aux cendres produites par toutes les plantes
que nous cultivons, et qui représentent leur partie *organique*, elles ne sauraient, quant à la quantité, être

égales pour toutes les plantes : ainsi, 100 kilos de foin produiront 10 kilos de cendres ; tandis qu'un poids égal de paille de *froment* ne produira que 2 kilos.

Pour les substances contenues dans la partie *inorganique* des plantes, elles diffèrent également pour la quantité, et se retrouvent aussi dans la partie *organique*, avec les mêmes différences. Ainsi , les cendres de *froment* contiendront plus d'*acide phosphorique* que celles du *foin*, et celles-ci contiendront plus de *chaux* que les premières.

Que vous êtes grand, ô mon Dieu ! la moindre de vos œuvres révèle votre grandeur et votre bonté infinie ; vous avez songé à tout !... Mais quel est donc l'homme assez insensé pour vous outrager par un fol orgueil ! Qu'il regarde, cet homme, toutes ces merveilles de la création, lui qui ne saurait donner la vie au plus vil insecte, et qui ne pourrait se mouvoir sans vous, et, dans l'impunité d'un tel blasphème, il reconnaîtra cette miséricorde infinie, cette clémence dont les rois de la terre doivent être les représentants !

Habitants des campagnes, si votre vie est pleine de fatigues, en revanche votre conscience jouit d'un repos trop souvent inconnu au sein des grandes villes, dont la mollesse est plus lourde que vos travaux.

DE LA NOURRITURE DES PLANTES.

Les plantes tirent leur nourriture partie de l'air, partie du sol : de l'air, par leurs feuilles ; du sol, par leurs racines. Elles ont besoin de deux nourritures distinctes pour sustenter leurs parties *organique* et *inorganique*. Les plantes reçoivent leur nourriture organique en partie du sol et en partie de l'air;

quant à la nourriture inorganique, elle leur vient entièrement du sol dans lequel elles croissent.

Cette nourriture *organique* que les plantes tirent de l'air se compose principalement d'*acide carbonique*.

Le gaz *acide carbonique* est une espèce d'air incolore et d'une odeur particulière. Les corps ignés (en feu) s'y éteignent et les animaux ne sauraient rester longtemps soumis à l'influence de cet acide, car étant beaucoup plus lourd que l'air ordinaire, le respirer entraîne l'asphyxie.

On prépare le *gaz acide carbonique* en jetant de l'acide muriatique faible (esprit de sel) sur des morceaux de *pierres à chaux*, ou de *scude* ordinaire du commerce.

Ce gaz n'entre pas en combustion comme l'*hydrogène*, et il est tellement pesant, qu'une chandelle ne saurait rester allumée dans une atmosphère qui en serait remplie.

Le *gaz acide carbonique* n'entre pas en grande proportion dans l'*air atmosphérique*. L'air atmosphérique se compose presque exclusivement de *gaz oxigène* et d'*azote*. 5 litres d'air contiennent environ 4 litres d'*azote* et 1 litre d'oxigène. Le *gaz acide carbonique* entre en si minime proportion dans l'air atmosphérique, que sur 5,000 litres de cet air on en compte seulement 2 litres.

Les plantes absorbent une très-grande quantité d'*acide carbonique ;* voici comment :

Les plantes projetant de tous côtés leurs feuilles

larges et minces, elles agissent sur une grande masse d'air à la fois, et aspirent *l'acide carbonique*, au moyen d'un nombre infini de petites ouvertures ou bouches dont ces feuilles sont couvertes, principalement sur leur surface inférieure. Ce qu'il y a de curieux à remarquer, c'est que cette aspiration du gaz carbonique n'a lieu que pendant le jour, et que les feuilles le dégagent la nuit.

L'acide carbonique se compose de *carbone* (charbon de bois) et d'*oxigène*, dans cette proportion : 3 kilos de *carbone* et 8 kilos d'oxigène forment 11 kilos d'acide carbonique.

Pour se faire une idée de la manière dont les plantes dégagent l'*oxigène* absorbé par les feuilles, il suffira d'introduire quelques feuilles vertes dans un récipient à gaz et de les exposer au soleil; on verra aussitôt les petits globules du *gaz oxigène* se dégager des feuilles et se rassembler à la partie supérieure du verre.

Les feuilles des plantes absorbent encore d'autres principes que ceux de l'atmosphère : nous voulons parler des vapeurs aqueuses, qui non-seulement influent sur le fruit, mais servent aussi à humecter les feuilles et les tiges, et en partie à former les substances qui composent la plante elle-même.

Les plantes puisent le carbone dans le sol, sous la forme d'*acide carbonique*, d'*acide humique*, et de quelques autres substances qui se rencontrent dans la matière végétale noire du sol.

Pour produire l'*acide humique*, il faut faire dissoudre un peu de *soude* ordinaire dans l'eau, faire ensuite bouillir cette solution avec de la terre riche, foncée ou tourbeuse, réduite en poudre : on laisse égoutter la solution après l'avoir fait déposer, on y ajoute de l'esprit de sel affaibli ; alors il se détache des flocons bruns qui sont de l'*acide humique.*

Les plantes absorbent l'*azote* du sol, sous la forme d'*ammoniaque* et d'acide nitrique.

Quant à la substance des plantes, elle se compose principalement de *fibre de bois,* d'*amidon* et de *gluten.* La *fibre de bois* est la substance qui forme la plus grande partie du *bois,* de la paille, du foin, des tiges, de l'écorce des noix et noisettes, enfin du coton, du lin, du chanvre, etc.

L'*amidon* est une poudre blanche formant à peu près la totalité de la substance de la pomme de terre, et la moitié à peu près de la substance des farines de froment, d'avoine, et des farines de toutes les autres espèces de grains.

Le *gluten* est une substance semblable à la glu dont on se sert pour prendre les oiseaux ; il se rencontre avec l'amidon dans presque toutes les plantes.

Voici la manière d'obtenir le *gluten :*

On mélange avec de l'eau de la farine de *froment,* de façon à former une pâte ; on lave cette pâte au-dessus d'un tamis placé sur l'orifice d'un vase quelconque ; l'eau fait passer l'*amidon* à travers le tamis, tandis que le gluten reste dans la pâte et que l'*amidon* dépose au fond du vase sous la forme d'une poudre blanche.

Celle des trois substances ordinairement la plus abondante dans les plantes, la *fibre de bois*, prédomine dans les *tiges*, comme l'*amidon* dans les graines.

L'*amidon* se rencontre aussi dans les racines des plantes; ainsi que dans les pommes de terre, il existe en grande abondance dans les topinambours et autres racines analogues.

La *fibre de bois* et l'*amidon*, ainsi que la *gomme* et le *sucre*, se composent de *carbone* et d'eau.

Voici à peu près dans quelles proportions :

— 18 kilos de *carbone* et 18 kilos d'*eau* forment 36 kilos de *fibre de bois*.

— 18 kilos de *carbone* et 22 kilos 1/2 d'*eau* forment 41 kilos 500 grammes d'*amidon* ou de *gomme*.

— 18 kilos de *carbone* et 24 kilos 250 grammes d'*eau* forment 42 kilos 3/4 de *sucre*.

Ces substances se forment à l'aide de la nourriture que les feuilles absorbent dans l'air, attendu que les feuilles, ainsi que nous l'avons dit précédemment, boivent ou aspirent le *gaz carbonique* et l'*eau*.

Les feuilles dégagent l'*oxigène de l'acide carbonique* dans l'air, parce qu'elles n'ont besoin que de *carbone* et d'*eau* pour former la *fibre de bois* et l'*amidon* dont elles se composent.

Les plantes ne peuvent soutirer à l'air tout l'*acide carbonique* qu'il contient, parce que ce gaz est constamment produit par trois sources différentes :

1° Par la respiration des animaux, attendu que le jeu des poumons dégage toujours une certaine quantité d'*acide carbonique*;

2° Par la combustion des bois, charbons, chandelles, etc., parce que le carbone contenu dans le bois, etc., forme, en brûlant dans l'air, du gaz acide carbonique, de même que le *carbone* lorsqu'on le brûle dans l'oxigène ;

3° Par la décomposition des végétaux et racines dans le sol. Cette décomposition n'est autre chose qu'une combustion très-lente, par laquelle le *carbone* des plantes se change en acide carbonique.

C'est ainsi que les animaux produisent l'*acide* carbonique qui nourrit les plantes ; de la combinaison de cet acide avec l'eau, la plante produit l'*amidon*, qui à son tour revient aux animaux.

Nous avons dit plus haut que la *fibre de bois*, l'*amidon*, la *gomme* et le *sucre*, se composaient de *carbone* et d'*eau* seulement ; voyons maintenant de quoi se compose l'eau :

Deux gaz composent l'eau, l'*oxigène* et l'*hydrogène*, et cela dans les proportions suivantes :

Pour 4 kilos 1/2 d'eau, l'on compte 4 kilos d'oxigène et 1/2 kilo d'*hydrogène*.

Ce qu'il y a d'extraordinaire à remarquer, c'est que l'eau, dont une des propriétés est d'éteindre tous les corps en combustion, se compose de deux éléments, dont l'un, l'*hydrogène*, est essentiellement combustible, et dont l'autre, l'*oxigène*, supporte parfaitement tous les corps enflammés.

Les substances qui offrent des particularités non moins intéressantes sont encore l'amidon qui, quoique blanc, est formé de *carbone* noir et d'eau, et le *sucre* et la *gomme,* qui se composent des mêmes éléments que l'*amidon* et la *fibre de bois.*

Les éléments dont se composent toutes les substances sont le *carbone,* l'*hydrogène,* l'*oxigène* et l'*azote.*

Il est peut-être utile de faire remarquer que le terme *élément* ne s'emploie que pour désigner en quelque sorte les principes qui forment toutes les substances, et ne doit pas s'appliquer à tout ce qui est corps composé, comme le *gluten,* l'*eau,* l'*acide carbonique,* l'*amidon,* l'*oxide de mercure,* qui peuvent être décomposés et séparés en plusieurs éléments distincts.

Le gluten, par exemple, est composé d'*azote,* d'*hydrogène* et de *carbone.*

Les plantes ne tirent pas de l'*air* seulement des éléments qui composent le *gluten* qu'elles contiennent : ainsi elles peuvent tirer de l'air le *carbone,* l'*oxigène* et l'*hydrogène*; mais l'*azote* leur est presque exclusivement fourni par le *sol.*

La nourriture *organique* que les plantes tirent du sol varie de quantité selon les espèces de plantes, la nature du sol, la saison ou le climat; mais cette quantité est toujours très-grande, et de toute nécessité pour la bonne croissance des plantes.

Ainsi donc, si les plantes absorbent trop de cette partie organique, le sol s'appauvrit graduellement, et finit, s'il est livré à une mauvaise exploitation, par devenir complétement stérile.

Entretenir le sol de manière à ce qu'il soit con-

stamment pourvu de *la matière organique* nécessaire à une bonne production , doit être l'objet
d'une vigilante sollicitude de la part des cultivateurs
intelligents.

DES DIFFÉRENTES NATURES DU SOL.

Le *sol* se compose d'une partie organique combustible (qui peut être brûlée), et d'une partie inorganique incombustible (qui ne peut brûler). L'on
peut s'assurer de la vérité de cette assertion par
l'expérience suivante :

Faites chauffer au rouge une partie de terre, soit
sur un morceau de tôle, sur un couteau ou sur le bout
d'un fer plat, la terre deviendra d'abord noire (de
même que les terres en mauvais état que l'on fait
brûler); la terre, en devenant noire, démontre la
présence de la matière *carbonacée* (*carbonacée* signifie
être en charbon, ressembler au charbon), et elle
tournera ensuite au gris-brun, ou même rougeâtre,
au fur et à mesure que la *matière organique* noire
sera consumée par le feu; donc cette matière rougeâtre qui reste après la combustion représente la
partie inorganique ou incombustible.

La partie *organique* du sol se forme des racines ,
tiges et autres parties de plantes en décomposition ,
ainsi que des excréments et débris d'animaux ou d'insectes. Cette partie organique varie de quantité suivant la différence de nature des sols. Dans les sols
tourbeux , elle forme quelquefois les 3/4 de leur poids

total ; tandis que dans les sols riches et fertiles elle n'entre que pour un vingtième et même un dixième.

Un sol ne peut produire de bonne récolte qu'à la condition de renfermer une certaine proportion de matière organique.

La matière *organique* augmente ou diminue selon la manière dont on cultive le sol.

Elle diminue alors que la terre est fréquemment labourée et mise en rapport, ou mal fumée, tandis qu'elle augmente en couvrant le sol de plantations, ou en le laissant en pâture permanente. On augmente encore la matière organique par de fortes doses de *fumier d'étable,* ou même de *compost tourbeux.* Cette matière fournit au sol l'aliment organique que les plantes en tirent par leurs racines.

Lorsque, par une mauvaise exploitation, la matière organique est en quelque sorte disparue d'un sol, l'on peut en rétablir l'équilibre de la manière suivante :

Semer sur ces sols épuisés des plantes qui puissent croître promptement, telles que le *trèfle,* la *navette,* la *moutarde blanche,* etc., et les enfouir en vert dans la terre. Dans divers pays, notamment en Lorraine, les cultivateurs craindraient de perdre une coupe en l'enfouissant ; c'est là de l'économie mal entendue.

L'on ne saurait trop recommander la méthode suivante :

Il faut couper le *trèfle* aussitôt que l'on en aperçoit la fleur ; on le laisse ensuite repousser, et on en agit de même pour la deuxième coupe. Il vient ensuite une troisième pousse, que l'on enfouit dans la terre. En ôtant à la graine le moyen de se développer, l'on évite l'épuisement du sol. On pourrait aussi enfouir des *navets* et enfin toutes les plantes à longues racines, qui par là rendraient en engrais au sol ce qu'on lui aurait enlevé, soit en faisant pâturer, soit en *foin* ou en *paille*.

La partie *inorganique* du sol provient de la désa-grégation des roches, des ruines de bâtiments, etc. Par exemple, les tas de ce qu'on nomme *roches pour-ries, pierres décomposées, pierres à chaux, gravier*, et que l'on trouve généralement au pied des collines et au fond des ravins, prouvent évidemment que les roches se décomposent par l'action du temps et de l'air.

Ces roches se composent surtout de *cailloux*, de *pierres calcaires* et d'*argiles* plus ou moins durcies, comme les cailloux rouges et blancs, des pierres cal-caires, des argiles, ardoises et autres, etc.

Les différents sols se composent principalement de *sable*, d'*argile* et de *chaux*.

Chacun de ces sols prend sa dénomination de celle de ces matières qui s'y trouve en plus grande quan-tité : où le sable domine, c'est un sol *sablonneux ;* où c'est l'*argile*, un sol *argileux ;* enfin celui où domine la chaux, sol *calcaire*.

Si le sol contient deux des matières en grande pro-portion, et un peu de la troisième, c'est-à-dire, s'il se compose de beaucoup de *sable* et d'*argile* et d'un peu de *chaux*, on lui donnera le nom de *terre douce* ou *terre fertile* ; si la chaux, au lieu de représenter la petite partie, est au nombre des deux principales , ce sol prendra le nom de *terre douce calcaire ;* si au contraire les parties dominantes sont l'*argile* et la *chaux*, on l'appellera *terre argilo-calcaire.*

Les *terres fortes* sont celles qui contiennent beaucoup d'*argile*; les *terres légères*, celles qui renferment beaucoup de *sable* ou de *gravier*.

Les terres les plus faciles à cultiver sont les *terres légères*, fréquemment nommées terres à *orge* ou à *navets*, parce qu'il est reconnu qu'elles sont plus spécialement aptes à la croissance des orges, navets, pommes de terre et autres récoltes fourragères.

Les terres fortes glaiseuses retiennent beaucoup d'eau et doivent être généralement *asséchées* par des *saignées*. Il en est ainsi quelquefois des terres légères qui, quoique sèches à leur surface, sont souvent mouillées à leur base, ce qui fait que les travaux de desséchement peuvent leur être utilement appliqués. Cette apparence contradictoire des terres légères se rencontre souvent le long des ruisseaux et des rivières, où le sable apporté par les eaux donne un aspect de sécheresse à la surface des terres, tandis qu'à quelques pouces elles sont complétement mouillées.

Pour pratiquer les saignées, il ne faut pas, lorsqu'on trouve de la pente, les faire à moins de deux pieds et demi ; et cela parce que plus le sol a de profondeur, plus les racines peuvent s'étendre pour recevoir leur nourriture.

Lorsqu'on a fait des saignées et que la pente n'est

pas assez rapide, il faut faire des trous d'un pied carré de distance en distance, qui puissent atteindre le sous-sol. Cela remplacera la pente, en ce que ces trous serviront à absorber l'eau, qui par ce moyen ne pourra croupir.

Voici encore quelques raisons à l'appui de cette opinion :

Lorsque les saignées pratiquées au sol ont la profondeur indiquée, l'on peut descendre à 22 pouces, avec une charrue à défoncer, sans détériorer les saignées. Ces saignées ont encore une autre utilité que celle de détourner les eaux des terres ; elles permettent à l'air d'y pénétrer, et aux eaux de pluie de s'y infiltrer et de déblayer tout ce qui est nuisible aux racines ; car les substances malfaisantes se rassemblent très-fréquemment dans le sous-sol. De là vient que souvent les récoltes qui se présentaient bien dépérissent ou viennent à manquer totalement, quand les racines arrivent aux substances nuisibles.

La plupart des terres fortes glaiseuses sont en prairies, parce que les frais de labour et de travail de ces sols sont si élevés, que la valeur des grains que l'on y récolterait ne pourrait suffire à dédommager le cultivateur de ses peines.

On peut rendre les terres fortes et glaiseuses plus légères par les saignées et le labour, en y ajoutant de la *chaux* ou de la *marne*, et en les mélangeant de terres sablonneuses et calcaires autant que possible si on le peut, et de même que pour les terres trop sablonneuses et trop calcaires, il faut les mélanger avec des terres fortes ou argilleuses.

Les tuyaux à drainer sont d'un très-grand secours pour l'agriculture qui, du reste, est trop négligée en France. C'est aux riches à faire des frais qui centupleront leurs revenus; car que peut faire le pauvre? Deux hommes intelligents et riches, amateurs de biens, ont rendu d'immenses services à l'agriculture; le premier, M. Ponsard, propriétaire au château d Omay (Marne), a non-seulement amélioré ses propriétés, mais encore son exemple a fait tant de bien dans ce département, que la valeur et le prix des terres s'y sont bien accrus. M. Ponsard, quoique fort jeune (il a 26 à 27 ans), n'en est pas moins la providence des pauvres de son village.

M. Mathis, propriétaire du château de Belleval (Ardennes), est de même pour son pays; aussi la révolution n'atteindra pas désormais, nous l'espérons, des bienfaiteurs de l'humanité. Le riche qui sait, tout en améliorant ses terres, rendre heureux ceux qui l'entourent, est un don de la Providence, au lieu que ceux qui ne s'occupent pas sont les frelons de la société. Le labour doit être employé graduellement, c'est-à-dire que l'on doit éviter de labourer de suite trop profondément. Les labours du 1er juillet à la fin d'août sont les plus propres à rendre *meubles* les terres fortes à cause de la chaleur.

Le sous-sol (qu'en Lorraine les laboureurs nomment *terre vierge*) se trouvera, par le moyen des labours, à la surface, et naturellement les terres, labourées graduellement en profondeur, donneront par la suite non-seulement de bonnes récoltes, mais encore elles seront plus faciles à cultiver et les franchards de froment seront plus abondants que précédemment.

Certainement tous ces travaux coûteront; mais, tout en occupant les bras des agriculteurs, les résultats obtenus par les saignées appliquées aux terres fortes suffiront pour couvrir tous ces frais en quatre ans, et je ne crains pas d'avancer qu'une pièce de terre qui précédemment aurait valu mille francs triplera de valeur par ces travaux.

En quoi servent à la partie *inorganique* des plantes les parties inorganiques du sol? dira-t-on . Les parties *inorganiques* ou *terreuses* du sol atteignent deux buts: le premier, d'offrir un milieu dans lequel les racines puissent se fixer, de manière à maintenir les plantes dans une position verticale; le second, de fournir à la plante l'alimentation *inorganique* qui lui est indispensable.

La partie inorganique du sol, consistant principalement en *sable*, *glaise* et *chaux*, renferme encore d'autres substances. Elle contient des portions minimes de huit à neuf substances, telles que *potasse, soude, magnésie, oxide de fer, oxide de magnésie, acide sulfurique, acide phosphorique* et *chlore*. Ces substances sont les mêmes que l'on rencontre dans la partie *inorganique* des plantes, qui est la cendre, avec cette différence qu'elles sont renfermées dans le sol en plus fortes proportions que dans les cendres.

On comprend donc que les plantes ne tirent les parties inorganiques qu'elles renferment que du sol exclusivement, puisque l'air ne contient ni *potasse*, ni *soude*, ni *magnésie,* etc.

Plus j'admire vos œuvres, ô mon Dieu! plus je vois mon néant. Quoi! vous daignez abaisser vos regards sur de faibles plantes, et je m'étonnerais de votre sollicitude à inculquer au cœur des enfants ces sentiments qui témoignent de l'étendue de cette sollicitude paternelle surtout pour les orphelins, et qui font voir que vous avez créé les rois, comme les fleurs, c'est-à-dire que, comme les fleurs sortent de la plante créée avec elles, quoiqu'elle les précède, de même le principe d'autorité a été créé avec la paternité, ce premier roi de la première famille; mais aussi vous les avez créés pour être pères!!!

Nous ne pouvons résister au désir de raconter une anecdote qui prouve que Dieu ne fait pas consister seulement sa sagesse à parfaire une plante, et que la perfection de ses autres créatures ne l'intéresse pas moins.

Mademoiselle Louise de France (aujourd'hui cette noble et grande duchesse de Parme, chérie de son peuple, qui vient aussi de perdre son mari, comme elle perdit son père), fille de l'infortuné duc de Berry, assassiné par Louvel, auquel le petit-fils de saint Louis sut pardonner sa mort, et sœur de M. le comte de Chambord, alors âgée de sept ans, est l'héroïne de cette anecdote.

« Tous les ans on habillait, en son nom, vingt-deux
« petites filles pauvres de Saint-Cloud. Uue année,
« les sœurs de Saint-Vincent-de-Paul, de la commu-
« nauté de cet endroit, en portèrent vingt-trois sur la
« liste; s'étant aperçues de cette erreur, elles vinrent
« dire à la gouvernante de mademoiselle de France

« de rayer la vingt-troisième. La gouvernante de cette
« fille de nos rois vint la trouver et lui dit, en lui
« présentant une plume, de faire la radiation de-
« mandée. Mais mademoiselle de France dit à sa gou-
« vernante : Bonne amie, peut-être vais-je rayer la
« plus pauvre; si nous l'habillions aussi, quel plaisir
« cela me ferait! » L'enfant fut habillée.

Ce trait de bonté ne nous étonne pas de cette noble
race française, et si bienfaisante, qui ne sut que pardonner et faire le bien!! et souffrir!

Revenons à notre sujet. Mais, dira-t-on, à quel état
les matières terreuses se transmettent-elles aux plantes
par leurs racines? C'est à l'état de *solution* que ce phénomène s'opère, c'est-à-dire que les eaux de pluies et
de sources faisant fondre les matières terreuses, elles
forment par là une matière extrêmement déliée, qui
s'infiltre en quelque sorte dans les racines.

Tous les sols fertiles, c'est-à-dire productifs, contiennent toutes les substances inorganiques, *potasse,
soude, chaux*, etc., que nous avons mentionnées plus
haut. Mais toutes les plantes ne les réclament pas en
égale proportion. Aux unes il faut une certaine quantité de chacune d'elles, aux autres une quantité plus
grande des unes que des autres.

Par exemple : 500 kilos de foin, *trèfle rouge*,
produisant par la combustion 37 kilos 1/2 de cendres,
il y aura 14 kilos de *chaux*, à peine 10 kilos de
potasse, moins de 2 kilos de *magnésie*, et ainsi de
suite.

TABLEAU

Des quantités et natures des cendres produites par 1,000 kilos de foin brûlé.

CENDRES.	IVRAIE VIVACE.		TRÈFLE BLANC.		TRÈFLE ROUGE.		LUZERNE.	
Potasse............	9 kil.	»	31 kil.	»	20 kil.	»	13 kil.	1/2
Soude............	4	»	6	»	5	1/4	6	»
Chaux............	7	»	23	1/2	28	»	48	»
Magnésie........	1	»	3	»	3	»	3	1/2
Oxide de fer.......	une trace		»	1/2	une trace		»	1/3
Silice	28	»	15	»	4	»	3	1/3
Acide sulfurique...	3	2/3	3	1/2	4	1/2	4	»
Acide phosphorique.	»	1/4	5	»	6	1/2	13	»
Chlore............	une trace		2	»	3	1/2	3	»

Par ce tableau, les cultivateurs pourront apprécier les substances qui dominent dans les trèfles et les luzernes, principalement dans les trèfles, qui font enfler les bœufs et les vaches, surtout quand les fourrages sont plâtreux. Pour éviter les accidents, il faut toujours donner aux bestiaux ces fourrages mélangés avec de la paille (celle de froment doit être préférée), et, autant que possible, faire le mélange la veille, afin de donner à la paille le temps d'absorber l'humidité. Par ce moyen, l'on évitera les accidents que les laboureurs ont si souvent à déplorer. Comme les cultivateurs ne peuvent pas toujours avoir le fourrage vert de la veille, par exemple quand il tombe de la pluie pendant plusieurs jours de suite, il faut jeter du sel sur les fourrages verts, le sel empêchera les accidents ; les pauvres cultivateurs, qui souvent n'ont point de fourrages, envoient leurs bestiaux au pâturage sans leur donner de fourrage sec le matin, faute d'en avoir. Je leur conseille de donner seulement un peu de son avec une bonne poignée de sel, et cela le matin à jeun.

Cependant les substances désignées dans le tableau et renfermées en si minimes proportions dans les fourrages sont indispensables à leur croissance. Un sol dépourvu totalement de l'une de ces substances ne pourrait donner de bonnes récoltes.

Ce qu'il est aussi utile de remarquer, c'est que si une terre souffre de l'absence d'une des substances nécessaires, la trop grande abondance de ces substances, auprès d'une qui se trouverait dans le sol en très-minime partie, produirait également de mauvais effets, car ce sol ne pourrait convenir qu'aux plantes peu pourvues de ces parties inorganiques, et serait nuisible aux autres.

Si le sol contenait peu de *chaux*, il pourrait donner une bonne récolte d'*ivraie* (roy grasse d'Italie ou ray-grass anglais, gazon), sans pouvoir produire une bonne récolte de *luzerne*.

On verra par le tableau ci-contre, quelles sont les substances qui s'approprient le mieux aux plantes ; car si, par exemple, l'acide phosphorique convient à la *luzerne* et autres plantes, il n'en est pas de même pour toutes.

En supposant un sol dépourvu d'un grand nombre

de ces substances inorganiques, il arriverait qu'il ne pourrait produire aucune espèce de bonne récolte. Il serait naturellement stérile, car il y a des terrains reconnus tels, comme il y en a qui sans aucune culture sont d'une fertilité extraordinaire.

Il faut expliquer ces différences dans les natures des sols, par la présence dans les sols fertiles de toutes les substances inorganiques nécessaires à la production des récoltes, et par l'absence de quelques-unes de ces substances dans les sols stériles, ainsi qu'on peut le voir par le tableau suivant :

SUBSTANCES.	SOL FERTILE SANS ENGRAIS.	SOL FERTILE AVEC ENGRAIS.	SOL STÉRILE.
Matière organique........	97 »	50 »	40 »
Silice (dans le sable et l'argile)	648 »	833 »	778 »
Alumine dans l'argile......	57 »	51 »	91 »
Chaux..................	59 »	18 »	4 »
Magnésie..............	8 1/2	8 »	1 »
Oxide de fer.............	61 »	30 »	81 »
Oxide de magnésie........	1 »	3 »	» 1/2
Potasse................	2 »	trace.	trace.
Chlore principalem^t comme sel commun..........	4 »	» »	» »
Soude commune..........	2 »	» »	» »
Acide sulfurique.........	2 »	» 3/4	» »
Acide phosphorique.......	4 1/2	1 3/4	» »
Acide carbonique combiné avec la magnésie......	40 »	4 1/2	» »
Perte.................	14 »	» »	4 1/2
	1,000 »	1,000 »	1,000 »

Le sol indiqué par la 1re colonne pourrait produire pendant plus de 50 à 60 ans sans engrais, et contiendrait encore, après ce laps de temps, toutes les substances requises pour la croissance des plantes.

Celui de la 2me colonne, étant naturellement fumé, donnerait de bonnes récoltes; car l'engrais lui donnerait les trois ou quatre substances qui lui manquent.

Un sol peut être stérile, quoique renfermant toutes les substances voulues pour la nourriture des plantes, s'il contient une trop forte proportion de l'une de ces substances : l'oxide de fer existant en grande proportion dans un sol lui est très-nuisible.

Pour améliorer un sol de cette nature, il faut le saigner profondément et retourner complétement le sous-sol, afin que les pluies, en le traversant, puissent en emporter les matières nuisibles. S'il réclamait l'*alliage de chaux*, il faudrait le *chauler*.

Un sol naturellement fertile peut devenir stérile, si l'on s'obstine à vouloir lui faire produire sans cesse la même espèce de récolte. Par exemple, si d'année en année l'on récolte sur un champ du *froment* et de l'*avoine*, ce champ finira par s'épuiser et ne produira ni l'un ni l'autre, parce que ces récoltes absorbant certaines substances en très-grande quantité, après plusieurs années de production le sol ne peut plus fournir ces substances aux plantes en quantité suffisante.

Les grains sont comme de petits alambics, qui absorbent les substances qui leur sont propres. Les céréales que nous récoltons enlèvent spécialement au sol l'*acide phosphorique* et la *magnésie*. Par le tableau suivant, l'on peut voir quelles substances absorbent différentes espèces de grains, afin de se guider dans les engrais à donner au sol.

CENDRES.	FROMENT.	AVOINE.	ORGE.	SEIGLE.
Potasse et soude....	37 62	19 12	20 70	37 21
Chaux.............	1 93	10 41	3 36	2 92
Magnésie	9 60	9 98	10 5	10 13
Oxide de fer.......	1 36	5 8	1 93	» 82
Oxide de manganèse.	» »	1 25	» »	» »
Acide phosphorique.	49 32	46 26	40 63	47 29
Acide sulfurique...	» 17	» »	» 20	1 46
Silice.............	» »	3 7	21 99	» 17
	100 »	95 17	98 92	100 »

Par ce tableau l'on peut se convaincre que c'est l'*acide phosphorique* qui entre en plus forte partie dans les grains de céréales, et que par conséquent, en demandant sans cesse des grains au même sol, on épuiserait cette substance.

Par là, on comprendra aisément que l'*acide phosphorique*, étant un des agents les plus actifs de la production, l'on ne peut rendre la fertilité au sol épuisé, qu'en lui redonnant le principe qui lui manque.

DES ENGRAIS.

Pour rendre au sol l'*acide phosphorique*, il faudrait

le fumer avec de la *poussière d'os*, du *guano*, du *fumier de pigeon*, ou autres engrais contenant en grande proportion cette substance.

Il est bien entendu que demander au sol de continuelles récoltes, c'est vouloir le rendre stérile, car chaque plante enlève les substances qui lui sont propres et l'épuise : c'est prendre dans une bourse sans y rien remettre.

Il faut donc, pour tenir les terres fertiles, y mettre des substances régénératrices, et cela en quantité nécessaire et en temps utile. Pour les tenir en bon état, il faut leur rendre autant qu'on leur prend ; mais pour les maintenir en état de fertilité, il faut leur rendre plus qu'on ne leur a enlevé.

Mais, dira-t-on, si l'on donne plus qu'elles ne donnent, où sera le profit ? Le profit sera dans la vente des denrées, qui vous rapportera plus que les engrais n'auront coûté. C'est du reste un calcul facile à faire :

Une pièce de terre rapporte 50 franchards de blé qui se vendent à raison de 3 francs l'un, ce qui fait 150 francs. On achète pour 100 francs d'*engrais* : par ce moyen l'on récolte 100 franchards de blé, qui font 300 francs, et par conséquent 50 francs de bénéfice net pour la première année seulement. La deuxième année, la récolte d'*avoine* étant de la valeur de 300 francs au lieu de 150, c'est donc pour cette année un bénéfice net de 150 francs, plus la paille, qui peut servir à faire des engrais, ou de la valeur de laquelle on peut se servir pour en acheter, si l'on y trouve quelque bénéfice.

Engrais est donc le nom donné à toutes les matières qui fournissent au sol la nourriture des plantes. Il y a trois sortes d'engrais : *engrais végétal*, *engrais animal* et *engrais minéral*. On entend par *engrais végétal* certaines plantes que l'on a coutume d'enfouir dans le sol pour le rendre plus fertile.

Les principaux *engrais végétaux* sont l'*herbe*, le *trèfle*, la *paille*, le *foin*, les *fanes de pommes de terre*, la *navette*, la *moutarde blanche*, la *poussière de tourteaux*, etc. Les gazons que l'on retourne fument le terrain qui en est couvert. Quelques cultivateurs croient qu'il faut enfouir les gazon, trèfle, luzerne, sainfoin, etc., profondément. C'est une erreur que j'ai reconnue par expérience pratique. Au contraire, il faut labourer de manière à retourner le gazon de telle sorte que les racines puissent encore absorber l'air, c'est-à-dire s'alimenter dans leur décomposition et maintenir la terre en transpiration. Comme les moindres pluies rendent la décomposition des gazons beaucoup plus lente, les substances qu'ils tirent de l'air entrent dans la terre, et contribuent par là à l'enrichir.

Comme les sols légers et sablonneux contiennent peu de matières végétales, il faut autant que possible y enfouir des herbes. Les jeunes navets et les navettes conviendraient parfaitement à l'*enfouissage* de ces sols.

Les laboureurs qui sont près de la mer peuvent,

par le moyen des herbes marines, enrichir leurs terres à un haut degré, soit en les répandant sur le sol, soit en les enfouissant dans les sillons de pommes de terre, qui par ce moyen donneraient d'abondantes récoltes d'excellente qualité.

L'on peut obtenir un engrais excellent en mélangeant des *herbes marines* avec de la *terre*, des *coquillages* et de la *marne*. Mais il faut avoir soin de faire le mélange à plusieurs fois, de manière à bien répartir la partie saline, et lui conserver par là son action bienfaisante ; autrement, loin d'être utile, cette partie saline deviendrait nuisible aux plantes.

Nous ne pouvons trop recommander aux cultivateurs de se garder de la mauvaise habitude de brûler les fanes de pommes de terre. Il faut les enfouir dans le sol lorsqu'elles sont encore vertes. Pour obtenir des fanes de pommes de terre en abondance, il faut en enlever la fleur. Non-seulement la fane en profitera, mais encore la pomme de terre. Par ce moyen, la fane restera verte jusqu'à ce qu'on arrache les pommes de terre, et l'on obtiendra par là beaucoup d'*engrais vert*.

Dans les endroits où la paille est abondante et les bestiaux rares, on fait pourrir la paille dans l'eau avec du fumier de vache, afin de s'en servir comme engrais à l'état de demi-fermentation. Il est bon d'observer la nature des terres à fumer pour régler le degré de fermentation de l'engrais. Pour fumer un sol léger et obtenir une récolte verte, il est nécessaire que la paille soit passablement fermentée et mélangée avec les crottins de bon nombre de bestiaux. Si au contraire c'est pour fumer une terre *forte argileuse*, avant une récolte de *froment*, il faudrait préférer une paille moins compacte et non fermentée; elle servirait mieux à tenir le sol *ouvert* (accessible à l'action vivifiante de l'air). Ce ne doit point être cependant une règle générale pour toutes les terres *fortes argileuses*, car les terrains argileux même varient de qualité, et ce qui paraît convenable généralement à toutes les terres de cette nature peut rencontrer des exceptions; c'est donc au cultivateur intelligent à apprécier les cas.

Les *tourteaux* sont les résidus de la pression des graines de *colza, navette*, et de *faîne*. Le gâteau ou *tourteau* écrasé en miettes se nomme *poussière de navette*, etc. On peut se servir de cette poussière pour fumer les navets et pommes de terre, en remplacement total ou partiel de l'*engrais d'étable* ordinaire. On pourrait encore se servir de cette poussière comme *fumure*, en la répandant au printemps sur les jeunes froments.

Les *engrais animaux* les plus importants sont le *sang*, la *chair*, les *os*, la *laine*, les *crottins* et les *urines* des animaux, ainsi que leurs déchets.

Les Chinois et les brahmes, dans l'Inde, étaient tellement persuadés de l'excellence de cet engrais, qu'ils poussaient la barbarie jusqu'à égorger de jeunes enfants, pour en répandre le sang sur les terres.

On emploie le sang pour engrais, en le mélangeant avec des déchets que l'on trouve dans les charniers des bouchers. Quelquefois on fait sécher le *sang* et on l'emploie comme fumier de *couverture* lors de l'ensemencement des grains ; c'est l'un des engrais les plus puissants.

Pour les chairs des chevaux, vaches et autres animaux, on les recouvre avec de la terre, ou même de la *sciure de bois* ou de la marne ; cela forme un *compost* des plus fertilisants.

On emploie les *os* en les broyant à la meule, puis on les tamise dans des cribles d'un pouce, demi-pouce et poussière. Les os en poussière agissent plus promptement, mais leur effet est de courte durée. L'engrais d'*os* s'emploie avantageusement dans les terres *légères* ou *égouttées*, en remplacement total de l'*engrais d'étable*. Quand on l'emploie dans ce cas, il faut le mélanger avec des cendres de bois, ou l'enfouir avec des graines de navette.

Mais il ne faudrait pas prétendre à produire toutes les récoltes de navets avec des os exclusivement ; car, en faisant une récolte par ce procédé, il faudrait avoir soin de ne se servir, pour les récoltes suivantes, que d'*engrais d'étable* seulement, si l'on pouvait se le procurer.

Les *os* s'emploient avec avantage pour fumer les prairies, surtout quand elles sont mouillées ; l'on obtient, par ce moyen, une récolte admirable.

Les os se composent de *gélatine*, qu'on peut extraire en les faisant bouillir dans l'eau, et de *phosphate de chaux,* qui forme le résidu des os calcinés au feu.

La *colle* ou *gélatine* est un engrais très-puissant, on l'emploie pour hâter les jeunes plants de colza et de navette, ou comme arrosement pour les plantes, en proportionnant le mélange de *gélatine* avec l'eau, selon la force des plantes ; car il faut proportionner la nourriture à leur force, c'est-à-dire qu'il faut faire dissoudre la *gélatine* (*colle*) en petite quantité pour commencer, et augmenter ensuite graduellement jusqu'à la proportion d'un kilog. pour 50 litres d'eau. Ces arrosements sont excellents pour des plantes malades ; ainsi arrosées, elles reprennent vigueur comme par enchantement. Il en est de même pour les arbres et arbustes.

Le *phosphate de chaux* se compose d'acide *phosphorique* et de *chaux*.

Le *phosphate de chaux* agit efficacement comme engrais, car toutes les plantes en contiennent et en donnent. L'on voit par là que l'*acide phosphorique* et la chaux ne peuvent être que très-utiles à leur croissance.

Il est nécessaire de donner l'engrais d'os spécialement aux anciens pâturages, parce que le lait contenant le phosphate de chaux que renfermaient ces anciens pâturages, le sol s'appauvrit nécessairement de tout ce que le lait enlève. Il ne pourrait donc croître dans ces sols que des plantes qui ne demanderaient pas de phosphate de chaux, et il résulterait de là que le lait produirait moins de crème et de fromage, et plus de petit-lait ; en un mot, le lait serait moins nourrissant.

6

40 litres de lait contiennent environ 1/4 de kilo de phosphate de chaux. Donc une vache donnant journellement 20 litres de lait enlèvera par semaine environ 2 kilos de phosphate de chaux du sol qu'elle paîtra. On doit comprendre l'utilité de l'engrais d'os pour réparer de semblables pertes et rendre au lait les principes nourrissants dont sans cela il serait privé.

Les os s'emploient aussi sous d'autres formes. On peut les faire dissoudre dans l'acide sulfurique (huile de vitriol). Cette opération peut se faire de la manière suivante : on prend à peu près un poids égal de poussière d'os et d'acide; on délaye l'acide avec trois fois son volume d'eau, puis on le verse sur la poussière d'os, et on remue ce mélange de temps en temps pendant deux ou trois jours.

Ce liquide peut être encore délayé avec trente fois son volume d'eau et réparti ensuite sur le sol par le moyen d'une charrette d'arrosage.

On peut encore faire sécher cette composition pour la réduire à l'état solide, en y mêlant du poussier de charbon, de la tourbe, de la sciure de bois ou de la terre, et puis l'enfouir.

L'un des principaux avantages de la dissolution des os vient de ce que les substances qu'ils renferment étant parfaitement divisées, elles pénètrent facilement dans les racines des plantes : une minime portion de cet engrais peut produire de très-bons effets sur les récoltes.

En Europe, les cheveux sont d'un prix trop élevé

pour qu'on puisse les employer comme engrais ; mais en Chine, où tout le monde porte la tête rase, les cheveux sont recherchés comme engrais. On devrait les faire ramasser chez les perruquiers, où ils sont perdus. Les chiffons de laine sont excellents pour fumer les terres à *houblon*.

Les vidanges, les fumiers de cheval, de vache, de mouton, de porc et d'oiseaux, sont ce que l'on emploie le plus comme engrais ; mais généralement les vidanges et les excréments d'oiseaux sont les plus estimés, puis le fumier de cheval, de mouton, celui de porc, et enfin celui de vache, etc.

Les vidanges doivent leurs qualités aux aliments animaux et végétaux qui composent la nourriture de l'homme et rendent le fumier riche en principes fécondants. Le fumier de cheval est plus riche que celui de vache, parce que le cheval lâche comparativement moins d'urine que la vache.

Pour employer le fumier de porc, il est nécessaire de le mélanger avec d'autre fumier ; le fumier de vache convient pour ce mélange, parce qu'il est le plus froid et le moins facile à fermenter. Il doit cette propriété à l'abondance des urines que lâche la vache, et qui enlèvent au fumier une des causes de fermentation. On doit éviter d'employer le fumier de porc sans mélange, parce qu'il porte un goût extrêmement désagréable, et que ce goût se communique aux plantes fécondées par ce fumier.

Le fumier des animaux diffère de leurs aliments en ce qu'il contient une moindre proportion de *car-*

bone et une plus forte proportion d'*azote*. Cette différence provient de la déperdition du *carbone*, qui s'opère par la respiration sous la forme d'*acide carbonique*.

Ce dégagement du carbone par le jeu des poumons peut se remarquer dans l'homme comme dans les animaux.

Un adulte (jeune homme) dégage à peu près 250 grammes de *carbone* par jour, et un cheval dix fois autant.

Tout le *gaz azote* contenu dans les aliments des animaux reste dans leurs excréments, ainsi qu'une faible partie du *carbone*, le reste se dégageant par la respiration, ainsi que nous l'avons dit plus haut. La présence de l'*azote* dans les fumiers est une des causes principales de leur activité. La forme que prend l'*azote* pendant la fermentation des engrais animaux est celle d'*ammoniaque*.

L'*ammoniaque* est une espèce d'air ayant une odeur très-forte. L'*alcali volatil* n'est autre chose que de l'eau imprégnée de ce gaz. L'*ammoniaque* se forme naturellement dans les *composts* et *urines* en fermentation ; et dans les fumiers entassés, il occasionne cette odeur forte que l'on remarque dans les étables.

Pour découvrir la présence de l'*ammoniaque*, il suffit de tremper une baguette ou une plume dans le vinaigre, et de tenir ensuite cette baguette, ou plume, au-dessus d'un tas de fumier ou dans une étable. Une fumée blanchâtre se condensant autour de l'objet imprégné de vinaigre, annoncera la présence de l'ammoniaque.

L'ammoniaque se compose de deux gaz, l'*azote* et l'*hydrogène* : 7 kilos d'azote et 1 kilo 1/2 d'hydrogène forment 8 kilos 1/2 d'ammoniaque. Ce n'est qu'en se dissolvant dans le sol à l'aide de l'eau que l'ammoniaque est absorbé par les plantes.

Le gluten et les autres substances contenant l'*azote* se forment par le moyen de l'ammoniaque. Ce gaz est extrêmement important dans les engrais, parce que l'azote, sous l'une ou l'autre forme, est indispensable à la croissance des plantes. La partie liquide du fumier de vache est celle où l'ammoniaque se produit le plus abondamment. Il est donc très-important de conserver cette partie liquide, et il est à regretter que trop souvent on la laisse s'écouler et se perdre inutilement.

On laisse souvent perdre le fumier, qui est la base de la culture et la richesse des cultivateurs. Il faudrait que toutes les fosses à fumier fussent creusées d'environ 2 pieds sur 20 pieds carrés, et dans cette forme [   ], et qu'autour de cette fosse il y eût un petit fossé de 2 pieds de largeur sur 3 pieds de profondeur, pour recevoir le trop plein des égouts du fumier. Il serait nécessaire d'arroser le fumier au moyen d'une pompe, afin qu'il ne s'échauffât pas. Il faudrait que le petit fossé et la fosse à fumier fussent bien dallés, et en dessous des dalles avoir soin de mettre un pied de terre glaise ou du ciment romain ; enfin l'on pratiquerait le même dallage pour les écuries. Il faudrait, autant que faire se pourrait, avoir les écuries donnant sur la fosse à fumier, ou, dans le cas impossible, avoir un puits bien cimenté pour recevoir les urines, que l'on extrairait au moyen d'une pompe.

Chaque cultivateur, grand ou petit, devrait avoir un tonneau monté sur des roues, avec un tuyau correspondant au robinet, qui, répandant les liquides au travers d'une planche percée de trous, ferait l'office d'arrosoir. Afin que les pierres ou autres corps ne bouchent pas les petits trous, il faut avoir soin, avant de verser l'urine dans le tonneau, de le garnir d'une passoire. Par le moyen de ce tonneau, on peut arroser toutes les terres ; mais cet arrosement serait surtout utile aux prairies artificielles, telles que luzerne, sainfoin et trèfle.

Si on manque d'eau corrompue, on en corrompra par des moyens bien simples : en y jetant des urines, du sang des bêtes mortes, du salpêtre et du sel.

En parlant du *sel*, le gouvernement devrait le donner et non le vendre, et au bout de dix ans il y aurait un bénéfice réel, car les récoltes seraient abondantes, les laboureurs plus riches ; et, ayant beaucoup de fourrages, ils pourraient nourrir des bestiaux en plus grande quantité. Les terres demandent le sel, car il n'est pas douteux que le sel ne soit un puissant agent de production ; on pourrait le détériorer pour le rendre impropre au commerce. En améliorant la terre, il influerait sur tous les végétaux. Le gouvernement a méconnu ses intérêts en vendant si cher le sel ; nous le répétons, il aurait dû le donner. Nous appelons donner ne rien gagner sur l'agriculteur et l'ouvrier seulement.

Les eaux *ammoniacales* des usines à gaz, délayées avec quatre fois leur volume d'eau, seraient d'une grande utilité. On devrait les recueillir soigneusement et les employer de la même façon que les engrais liquides d'étables.

Le fumier d'oiseaux, principalement celui de pigeon, est un engrais puissant.

Le fumier des oiseaux de mer, récemment introduit sous le nom de *guano*, peut servir efficacement comme engrais de couverture pour les jeunes récoltes de grains. Il remplace avantageusement l'engrais d'étable pour les récoltes de navets et de pommes de terre ; mais, pour avoir de bons légumes, il vaut mieux recouvrir préalablement le guano ou le mélanger avec de la terre, de façon qu'il ne soit pas en contact immédiat avec les graines, car la chaleur de ce fumier pourrait nuire à leur germination.

Il ne faut pas mélanger le *guano* avec la *chaux vive*, parce que la *chaux vive*, en dégageant du *guano* l'*ammoniaque* qu'il contient, fait qu'il s'échappe dans l'air. Pour se convaincre de cela, il suffira de mêler dans un verre un peu de *guano* et de *chaux vive* ; l'on sentira aussitôt l'odeur de l'*ammoniaque*, et en mettant au-dessus du verre une plume trempée dans le vinaigre, on verra s'élever une fumée blanchâtre. Cette petite opération convaincra suffisamment ceux qui pourraient en douter de la puissance de la *chaux vive* à chasser l'*ammoniaque* contenu dans les engrais liquide et solide d'étable.

Pour les récoltes de navets et de pommes de terre, il vaut mieux mélanger le *guano* avec du fumier ordinaire, parce qu'employé seul il ne pourrait fournir à la terre assez de matière organique pour la maintenir dans l'état le plus productif. Il faut environ 250 kilos de *guano* par hectare de terre, comme fumier de couverture pour les céréales, et de **225** à 250 kilos, dont moitié de fumier d'étable, pour les navets et pommes de terre.

Les *intestins de poissons*, les nettoyages de *harengs* et *sardines*, et les *têtes de morues*, s'emploient avantageusement comme engrais, surtout en les mélangeant parfaitement avec de la *terre* ou de la *marne*.

Les engrais minéraux les plus importants sont : le *nitrate de soude*, le *sulfate de soude*, le *sel commun*, le *gypse* ou *plâtre*, le *varech* brûlé, les *cendres de bois* et la *chaux*. On peut en employer de **125** à **180** kilos par hectare.

Le *nitrate de soude* se compose d'*acide nitrique* et de *soude*. **27** kilos d'*acide nitrique* et **15** kilos **1/2** de *soude* forment **42** kilos **1/2** de *nitrate de soude*.

Lorsque l'*acide carbonique* se combine avec une des substances suivantes : la *potasse*, la *soude*, la *chaux* et la *magnésie*, il forme un *carbonate*; lorsque c'est l'*acide phosphorique*, c'est un *phosphate*; si c'est l'*acide sulfurique*, un *sulfate*; l'*acide nitrique*, un *nitrate*. Le **phosphate de chaux** désigne con-

séquemment une combinaison d'*acide phosphorique*
et de *chaux;* le *sulfate de soude*, une combinaison
d'*acide sulfurique* et de *soude ;* ainsi de suite.

L'*acide nitrique* est un liquide âcre et corrosif,
appelé aussi *eau-forte*. Il est composé de deux gaz,
l'*azote* et l'*oxigène*. 14 kilos d'*azote* et 40 kilos d'*oxigène* forment 54 kilos d'*acide nitrique*. L'utilité de
l'application du *nitrate de soude* aux plantes consiste en ce qu'il fournit l'*azote* et la *soude* aux récoltes
en croissance.

Le *sulfate de soude* est la substance connue généralement sous le nom de *sel de Glauber*, et se compose d'*acide sulfurique* (huile de vitriol) et de *soude*.
20 kilos d'*acide sulfurique* et 15 kilos 1/2 de *soude*
forment 35 kilos 1/2 de *sulfate de soude sec*. Le *sulfate de soude* produit parfois de bons effets en l'ap-
pliquant en fumier de couverture aux pâturages, aux
navets, aux jeunes plants de pommes de terre, etc.,
surtout aux prairies basses.

Eh bien ! philosophes, athées, si toutefois il peut y avoir un athée
sur terre....., car il n'y a que des impies que le remords tourmente,
et qui voudraient s'étourdir en niant l'existence d'un Dieu ; où étiez-
vous, quand Dieu créa toutes ces choses merveilleuses? Avez-vous
présidé à ce magnifique travail ? Vous demandez des prodiges pour
croire à Dieu ! Mais, insensés que vous êtes, le seul mouvement que
vous faites en ouvrant la bouche pour le blasphémer n'est-il pas un
prodige? Cette voix, cette intelligence, cette mémoire que vous pos-
sédez, sont-ce là des prodiges ? Qui donc a mis toutes ces merveilles
en vous? Est-ce vous? Non ! c'est ce Dieu que vous vous obstinez à
nier, et dont toutes les merveilles de la nature témoignent de la puissance !

On peut employer le sel commun comme fumier

de couverture, ou en le mélangeant avec le fumier d'étable, ou autres engrais, ou même encore avec l'eau dont on se sert pour éteindre la *chaux*. L'emploi du sel pour engrais est beaucoup plus productif dans les lieux éloignés de la mer ou abrités des vents qui passent sur elle. (Nous conseillerions de l'employer plus particulièrement sur toutes les prairies basses et froides; on pourrait dans ces prés ajouter de l'engrais de *chaux*.)

C'est parce que les vents emportent avec eux une partie de *poussière d'eau* de la mer, et la répandent sur le sol, à plusieurs lieues des côtes, que nous donnons ce conseil.

Le *gypse* ou *plâtre* est une substance blanche composée d'*acide sulfurique* et de *chaux*. C'est un excellent engrais de couverture pour le *trèfle rouge* ainsi que pour les récoltes de *fèves, féveroles* et de *foin*. 20 kilos d'*acide sulfurique* et 14 kilos 1/8 de *chaux* forment 34 kilos 1/8 de *gypse* calciné; 20 kilos d'*acide*, 14 kilos 1/8 de *chaux* et 9 kilos d'eau forment 43 kilos 1/8 de *gypse* non calciné. Le *gypse* naturel ou non calciné perd à peu près 21 pour 100 d'eau lorsqu'il est chauffé au rouge, et devient alors *gypse* calciné.

Pour appliquer efficacement les *sels* et substances *salines* aux terres, il faut le faire en temps calme, afin que ces substances puissent être répandues également sur le sol, et avant ou après la pluie, pour qu'elles puissent se dissoudre immédiatement.

En les mélangeant, on en obtient de meilleurs

résultats que par leur application isolée. Un mélange de *nitrate* et de *sulfate de soude* produit toujours de bons effets sur la pomme de terre, effets que l'on ne pourrait attendre de ces deux substances employées séparément. Il en est de même du mélange du *sel commun* et du *plâtre* appliqué aux récoltes de fèves et féveroles, etc.

La *soude* ou *varech brûlé* est la cendre produite par la combustion des *herbes marines*. On peut l'employer utilement comme engrais et comme fumier de couverture, pour pâturages et jeunes céréales, ainsi que mélangé à l'engrais d'étable pour les récoltes de navets et de pommes de terre.

Les *cendres de bois* sont très-précieuses comme engrais. Répandues sur les pâturages, elles ont l'immense avantage de détruire la *mousse* et d'augmenter le rapport des prairies.

Elles produisent les mêmes effets pour les jeunes céréales et les pommes de terre. Les *cendres de bois* se mélangent avantageusement avec les *os*, le *poussier de tourteaux*, le *guano* et les autres engrais qui servent aux récoltes de navets.

La *pierre à chaux* se compose de *chaux vive* combinée avec l'*acide carbonique*. 14 kilos de *chaux* et 11 kilos d'*acide carbonique* forment 25 kilos de *pierres à chaux*. Les chimistes donnent à cette substance le nom de *carbonate de chaux*.

Il y a diverses variétés de *pierres à chaux*, les unes tendres comme la *craie*, les autres dures comme la pierre ; les premières jaunâtres comme les *pierres à chaux magnésienne* (contenant de la *magnésie*), les secondes d'une blancheur de marbre, et d'autres enfin entièrement noires.

La *marne* est la même substance que la *pierre calcaire*, c'est-à-dire du *carbonate de chaux;* seulement elle se présente souvent sous la forme de poudre fine, et mélangée avec des matières terreuses.

Le sable *écailleux*, ou *écaille marine*, pulvérisé est à peu de chose près la même substance que la terre calcaire ordinaire.

Ces *sables* et ces *marnes* peuvent être appliqués avec fruit comme engrais, soit comme fumier de couverture aux pâturages, surtout à ceux qui sont aigres et remplis de *mousse*, soit pour être enfouis, au moyen de la *herse* ou de la charrue, dans les terres arables. On peut encore les utiliser avantageusement, et à fortes doses, pour les terrains *tourbeux*.

Pour constater la présence de la *chaux* ou de substances présumées être de la *marne*, dans un sol, il faut en mettre un peu dans un verre, et verser dessus du vinaigre ou de l'*esprit de sel* délayé (*acide muriatique*); s'il se produit un peu d'ébullition (effervescence), on pourra en conclure la présence de la *chaux*. Pour se convaincre de l'exactitude de l'opération et de la présence de l'*acide carbonique*, il suffira d'introduire dans le verre une bougie allumée, qui devra s'y éteindre à l'instant.

Lorsque la *chaux* se calcine dans le four, l'*acide carbonique* en est chassé par la chaleur, et il ne reste plus que la *chaux*, qui, lorsqu'elle est réduite à cet état, prend le nom de *chaux brûlée, chaux vive, chaux caustique.* 1000 kilos de *pierres à chaux* rendent à peu près 588 kilos de *chaux vive.* La *chaux vive* absorbe l'eau que l'on jette dessus, devient très-brûlante, et se réduit graduellement en poudre. La poudre à canon peut s'enflammer au contact de la *chaux vive.*

On dit éteindre la chaux, de l'action de sa fonte par le moyen de l'eau. La *chaux vive* augmente en poids lorsqu'on l'éteint. 1000 kilos de *chaux vive* produisent 1250 kilos de *chaux éteinte.* La *chaux vive* se réduit en poudre par l'absorption de l'air. La *chaux vive* absorbe graduellement aussi l'*acide carbonique* répandu dans l'air, et revient, par suite de cette absorption, à l'état de *carbone.* La *chaux* revenue à l'état de *carbone* est meilleure pour la terre que dans son état primitif, c'est-à-dire de *chaux* non calcinée. En éteignant la *chaux*, elle se réduit à un état de poudre fine que ne pourrait produire aucun autre mode, et par conséquent se mélange plus parfaitement avec le sol. Quand elle est réduite en poudre, on appelle cette chaux *chaux douce*, pour la distinguer de la *chaux vive* ou *caustique.*

Ces différentes *chaux* agissent sur les terres à peu près de la même manière, et toutes deux contribuent à donner aux plantes la portion requise pour leur nourriture. En se combinant avec les acides renfermés dans le sol, elles en diminuent ou en écartent l'*acidité*, et elles changent en aliment toutes les matières végétales qui se trouvent dans le sol. Si l'on met de la *chaux* sur un sol, il faut avoir soin de la tenir à la surface, car elle a une tendance à s'enfouir. Il faudrait donc la répandre comme engrais de couverture, ainsi qu'on le fait du *plâtre.*

Il faut employer la *chaux vive* pour les sols tourbeux, les fortes terres argileuses, et les terres arables, qui sont fort acides, et en général pour toutes celles qui contiennent beaucoup de matières végétales.

La même quantité de *chaux* peut produire un meilleur effet sur des terres saignées ou naturellement sèches, que sur des terres humides. Il est préférable de donner de suite au sol une forte dose de *chaux*, et de l'entretenir ensuite par de petites, afin d'y maintenir la même quantité de cette substance, et répéter cette méthode à la fin de chaque assolement, ou tout au moins à la fin de chaque second assolement.

On doit répéter l'application de la *chaux* à la terre pour trois raisons principales : la première, parce que chaque récolte enlève ou absorbe une partie de la *chaux*; la deuxième, parce qu'une partie de cette *chaux* s'infiltre dans le sous-sol; la troisième, parce que les pluies ne laissent pas que d'en enlever une notable portion.

Pour obvier à ce dernier inconvénient, quand on aura répandu la *chaux* sur une terre labourée et bien meuble, il faudra donner un léger labour pour couvrir seulement la *chaux*, ou mieux encore herser, et après faire passer le rouleau.

La composition des récoltes obtenues par l'agri-

culture se forme de trois substances principales :
d'*amidon*, de *gluten* et d'*huile* ou de *graisse*, dans
les proportions suivantes :

100 kilos de fleur de *froment* contiennent à peu
près 50 kilos d'*amidon*, 10 kilos de *gluten*, et 2 ou
3 kilos d'*huile*.

100 kilos d'*avoine* renferment à peu près 60 kilos
d'*amidon*, 18 kilos de *gluten*, et 6 kilos d'*huile*.

Dans les pommes de terre et les navets, l'*eau* est
la partie dominante ; ainsi, 100 kilos de pommes de
terre contiendront à peu près 75 kilos d'*eau* ;
100 kilos de navets renferment 88 kilos d'*eau*.

100 kilos de pommes de terre contiennent de 15 à
20 kilos d'*amidon*.

Les proportions d'*amidon* et de *gluten*, etc., ne
sont pas toujours uniformes dans les mêmes grains
et racines, car quelques variétés de *froment* contiennent plus de *gluten* que d'autres substances.
Cette particularité se rencontre également dans quelques variétés d'*avoines*, ainsi que dans quelques espèces de pommes de terre.

Le sol et le climat ont des influences sur la proportion de ces principes. Ainsi, le *froment* des pays
chauds passe pour renfermer plus de *gluten*, et les
pommes de terre et l'orge récoltées sur des terres
légères et bien soignées, pour contenir plus d'*a-
midon*.

Lorsque les céréales et les pommes de terre sont
brûlées, elles laissent quelques résidus inorganiques
(ou cendres). Ces cendres consistent en *phosphate de*

potasse, de *soude*, de *chaux* et de *magnésie*, en sel commun et autres substances salines ; mais les ingrédients dont se composent les racines des céréales consistent dans l'*acide phosphorique* combiné avec la *potasse*, la *soude*, la *chaux* et la *magnésie*.

DE LA NOURRITURE ET DE L'ENGRAIS DES ANIMAUX.

Toutes les récoltes pouvant servir à la nourriture des animaux, ils doivent pouvoir retirer de leurs aliments les substances nécessaires à les soutenir en état de santé. Ils doivent en tirer l'*amidon*, le *gluten*, l'*huile* ou *graisse*, et de la matière saline inorganique. L'*amidon* se composant de *carbone*, cette substance est extrêmement utile aux animaux pour réparer la perte du *carbone* qu'ils dégagent de leurs poumons par la respiration.

La *gomme* et le *sucre*, étant des composés de *carbone* et d'*eau* seulement, remplissent dans notre nourriture les mêmes fonctions que l'*amidon*. Ce qui se dit de l'*amidon*, pour plus de lucidité, est également applicable au *sucre* et à la *gomme* renfermés dans les substances végétales de nos aliments.

Un homme dégageant de ses poumons 250 grammes de *carbone* par jour, il faut donc, pour réparer cette perte, qu'il mange à peu près 500 grammes d'*amidon* par jour : 10 onces d'*amidon* en renferment à peu près 4 1/2 de *carbone*.

Le *carbone* se dégage des poumons des animaux sous la forme de *gaz acide carbonique*. Ce gaz, dégagé, est répandu dans l'air pour être de nouveau absorbé par les plantes, qui reproduisent, par cette absorption, de nouvelles quantités d'*amidon*.

Les animaux ont besoin de *gluten* dans leur nourriture pour réparer la déperdition journalière des muscles ou partie maigre de leur corps. Les muscles des animaux, ainsi que toutes les parties de leur corps en général, éprouvent cette déperdition journalière, laquelle, emportée à travers le corps, forme une partie des excréments et urines. Le *gluten* peut réparer la déperdition des muscles, par la raison que le *gluten* des plantes est exactement la même substance que celle qui compose les muscles.

Il est également utile que les animaux tirent de l'*huile* ou *graisse* de leur nourriture pour réparer la déperdition de la matière *graisseuse*. Lorsque l'animal reçoit plus d'*huile* qu'il ne lui en faut pour réparer la déperdition journalière, cet excédant contribue à l'engraisser. La nourriture qui contient beaucoup d'*huile* est donc la plus propre à l'*engrais* rapide du bétail, et l'on a dû remarquer que les *tourteaux huileux* remplissent parfaitement cet office.

Le *phosphate de chaux* et autres substances *inorganiques* doivent être également renfermés dans la nourriture des animaux, afin de suppléer à la déperdition journalière des *os* et des *sels* qui existent dans le sang, etc.

Le *gluten* et la matière *saline* remplissent encore d'autres buts pendant la croissance des animaux, car non-seulement ils réparent la déperdition journalière, mais encore ils ajoutent au volume et servent au développement de différentes parties de leur corps. Un animal en croissance exige donc une plus forte dose de ces diverses substances, et l'on peut parfaitement remarquer ce besoin dans deux animaux de même taille, dont l'un n'aurait pas atteint sa croissance, et qui par là exigerait beaucoup plus de *gluten* et autres substances que l'autre.

Supposons qu'une même quantité de nourriture soit donnée à deux animaux dont l'un en croissance, et l'autre *formé*. L'animal formé produira un fumier plus riche que l'animal en croissance, puisque cet animal retient, pour suffire à son développement, les différentes substances qui enrichissent le fumier de l'autre.

Il en est de même pour les chevaux maigres, qui exigent plus de nourriture que les chevaux gras et bien entretenus.

Il en est ainsi des *terres*. Elles sont beaucoup plus faciles à entretenir dans un bon état de production qu'à engraisser lorsqu'elles sont épuisées.

Si l'on veut engraisser un animal *formé*, il faut le tenir chaudement, le déranger peu, lui donner des *tourteaux* et des *avoines* avec une bonne provision de *navets*, et lui laisser peu de jour.

Il va sans dire que les degrés de chaleur et de retraite des animaux varient suivant leurs races et les climats dont ils sont sortis. C'est à l'éleveur intelligent à ne pas perdre de vue ces différentes exigences et à en faire la règle de son exploitation.

Si l'on voulait convertir en fumier une forte quantité de foin, de paille ou de navets, il faudrait mettre le bétail dans un lieu frais et peu abrité . et lui faire faire beaucoup d'exercice.

Pour qu'une vache donne la plus grande quantité de lait possible, il faut lui donner des herbages riches et succulents, des navets, des carottes, des betteraves ou autres renfermant beaucoup d'eau, et la faire boire aussi souvent qu'elle voudrait. Par cette méthode , l'on obtiendra beaucoup de lait.

Mais si l'on recherche la qualité du lait, et non la quantité, il faut donner aux vaches autant de nourriture sèche, avoine, fèves, son, foin et trèfle, qu'elles en demanderont.

Si l'on veut obtenir un lait éminemment riche en *beurre* , il faut donner à la vache la même nourriture que celle d'un animal à l'engrais : *tourteaux huileux, avoine, orge, farine de maïs* et quelques *navets* ou *carottes*.

Si au contraire on veut faire du *fromage* avec le lait , il faut, pour la nourriture des vaches, donner la préférence aux *fèves, féveroles, pois, vesces, trèfle,* enfin tout ce qui peut rendre le lait plus riche en *caillé*.

Lorsque l'on veut engraisser les vaches ou bœufs , il faut leur donner l'engrais frais et non aigre, tandis que pour engraisser les cochons (porcs) , il faut le leur donner légèrement aigre. Il est constaté qu'on obtient plus de chair de porc des *légumes*, farines de *fèves* ou de *pois, pommes de terre bouillies* , lorsque après les avoir mêlés avec de l'eau on les laisse *aigrir*.

Ce qu'il convient de faire pour l'élève du bétail, c'est de tenir les étables bien ventilées, quoique chaudes, et de tenir propres surtout les moutons et les cochons.

Ce qu'il ne faut pas que les cultivateurs oublient, et qu'ils négligent souvent, est la régularité à apporter dans le mode de distribution de la nourriture aux bestiaux. Il faut la leur donner trois fois par jour, et à des heures régulières ; mieux vaudrait même la leur donner en quatre fois. En mangeant peu et souvent, les animaux ont meilleur appétit et *profitent* plus.

L'on ne saurait se lasser d'admirer les rapports chimiques qui existent entre le règne végétal et le règne animal, et spécialement sur la destination marquée (par la main divine du Créateur) des végétaux à la nourriture des animaux ; destination évidente et suffisamment démontrée par l'identité existant entre les substances des plantes et les substances qui composent les parties du corps des animaux. L'animal trouve dans la plante, arrivée à maturité, les plus importantes substances dont son corps est composé. Le *gluten* des plantes est identique avec le *gluten* de ses *muscles;* l'*huile*, avec la *graisse* de son corps ; tandis que le *phosphate terreux* des plantes fournit des matériaux aux *os*, et que l'amidon et le sucre de ces plantes produisent le *carbone* indispensable à l'animal pour l'acte de la respiration.

Et quelle combinaison intelligente dans cette nourriture végétale qui, ayant accompli ses fonctions dans le corps animal, retourne à la terre sous forme de fumier , pour pénétrer de nouveau dans les racines des plantes , et produire ainsi de nouvelles ressources d'alimentation à d'autres animaux ! L'économie entière de la vie animale et végétale , toutes les transformations subies par la matière inerte , forment les différentes parties d'un système n'exprimant pour ainsi dire qu'une même pensée , produite elle-même par une seule intelligence, qui n'est point sujette aux caprices révolutionnaires.

C'est le manque d'unité qui a détruit la Pologne ! C'est l'unité qui a fait la Russie ce qu'elle est ! C'est pour y arriver que Pierre le Grand avait fait un traité avec l'empereur de Turquie, pour empêcher le projet du grand Louis XIV, de mettre un roi héréditaire en Pologne. Il aima mieux, ce grand génie, avoir un roi électif, c'est-à-dire une république sujette à dissensions, pour en profiter un jour ; et, nous le voyons, quelle leçon sur les divisions !

TRAVAUX DE L'ANNÉE.

OBSERVATIONS.

Nous n'écrivons pas spécialement pour le climat de Paris, seulement nous le prenons comme centre d'opération. La saison à Dunkerque est en retard d'environ deux mois sur Perpignan. A Paris elle ne diffère que d'environ un mois entre ces deux points extrêmes. C'est donc un terme moyen que nous devons adopter. Or, ce terme moyen se trouve naturellement dans les cultures du centre de la France, et surtout dans celles adoptées dans les environs de Paris. Donc nos indications peuvent servir également au nord comme au midi, en tenant compte de la différence de climat pour les semis et plantations.

Au lieu de commencer l'année horticole en août, comme quelques écrivains, nous la commencerons avec l'année civile, en janvier.

JANVIER.

Légumes. — On laboure et l'on fume les terrains destinés à recevoir des légumes; on plante les asperges dans les fossés préparés à cet effet (1) ; on plante aussi les laitues et les romaines sur les bords des couches : les couches, à cette époque de l'année, réclament beaucoup de soins; on les charge de paillassons pendant la nuit, on remanie les réchauds pour entretenir la chaleur et on donne, quand le jour est beau, un peu d'air, en ouvrant les châssis.

On sème sur couche les diverses espèces de choux hâtifs et même des choux-fleurs, des fournitures de salade telles que cerfeuil, épinards, etc. On sème également les carottes courtes hâtives; l'on sème ou l'on plante les melons, les concombres, les tomates, les aubergines, les patates et les pommes de terre hâtives. On met en terre ordinaire, bien exposée, les pois qu'on désire récolter comme primeurs, tels que pois Michaud de Ruelle, pois Michaud hâtif de Hollande, etc. On sème aussi des radis sur couche.

Arbres fruitiers. — On défonce les terrains destinés aux plantations, et on met en place les ar-

---

(1) Il serait utile de faire les fosses en juillet et août, afin que les chaleurs réchauffent le sol. Les essais que j'ai faits m'ont toujours réussi, mais principalement dans les terres fortes.

bres. On taille les poiriers et les pommiers dont la végétation est faible, et on met en jauge les branches destinées aux boutures. On commence aussi la taille des abricotiers et des pruniers. On prépare des treillages et l'on confectionne des paillassons. On débarrasse les arbres des lichens, des mousses qui les recouvrent et du bois mort. On met une couverture de litière sur les semis de l'automne qui auraient à craindre les gelées.

FLEURS. — On plante, si le temps le permet, dans les terrains bien exposés au midi, les anémones, les renoncules ; on plante sur couche les pervenches et les renoncules ; on peut encore planter dans des expositions convenables et des terrains secs des ognons de tulipes et de jacinthes, jonquilles, narcisses, crocus, et tout les ognons à fleurs de pleine terre, etc.

Soigner avec une grande attention les serres, empêcher le trop grand froid comme la trop grande chaleur, éviter la moisissure des plantes et donner de l'air si le temps le permet,

A cette époque de l'année les fleurs sont assez rares : néanmoins on y trouve des Azalées — Bruyères —Camélias—Crocus—Cinéraires—Daphné—Ericas de divreses espèces — Giroflées variées — Héliotrope — Jacinthes diverses (1) — Jasmin — Lilas — Lau-

---

(1) Les plus belles jacinthes nous viennent de la Hollande ; généralement en France on préfère les doubles ; mais il y a, dans les simples, des variétés de toute beauté ; je fais paraitre annuellement mon catalogue, je désigne les plus belles ; il y en a 200 belles variétés cette année.

rier Pàquerette ou Marguerite — Clématite — Chèvrefeuille — Lierre — Narcisse — Orangers — Primevères — Pensées — Réséda — Rosier de Bengale — Tulipe — Violette de Parme — Vigne vierge, etc.

FÉVRIER.

LÉGUMES. — Généralement ce mois donne quelques beaux jours, et dans une terre, ressuyée par la gelée, qu'on prépare facilement, on plante la pomme de terre, le topinambour (ce tubercule est trop négligé des grands comme des petits cultivateurs), les griffes d'asperges, les choux cabus, l'ail, l'échalote; on donne de l'air aux artichauts et aux céleris, si l'on croit ne plus avoir de fortes gelées à redouter. Il est bon néanmoins de les recouvrir de paillassons pendant la nuit.

On sème sur couche la laitue hâtive, la romaine hâtive, la carotte courte hâtive, l'oignon rouge pour repiquer, le porreau et la ciboule, les pois prince Albert très-hâtifs, pois quarantain et pois Michaud de Hollande, etc., et les haricots flageolets hâtifs sous châssis, et les fèves; on sème aussi le chou Milan et les choux-fleurs. Dans les endroits abrités, on sème encore la chicorée sauvage, le cresson alénois, le persil, le cerfeuil. Tous ces semis doivent se faire très-épais.

On s'occupe aussi activement des semis de melons et de radis précoces sur couche. On entretient avec soin les couches et on continue à préparer les terres pour les semailles prochaines.

ARBRES FRUITIERS. — On continue à planter les arbres, à fumer et à labourer au pied de ceux qui paraissent souffrir; on poursuit la taille des poiriers et pommiers et on s'occupe de tailler les fruits à noyau; on met les boutures ou les plantes en jauge ou en pépinière; on commence à tailler la vigne et on fait les provignages. On rabat la tète des framboisiers pour obtenir plus de fruit; on coupe les branches destinées pour greffer, et on les fiche en terre jusqu'au moment d'en faire usage; on sème toutes les graines d'arbres ou d'arbrisseaux. Enfin on termine les premiers labours avant le hâle de mars, qui est, pour la végétation, pénible à traverser.

FLEURS. — Si le temps est beau, on donne de l'air pendant quelques heures par jour aux plantes vivaces qui ont été empaillées pendant l'hiver; on visite soigneusement les arbres et les arbrisseaux que l'on nettoie des mousses et des bois morts, et l'on plante en motte, dans les plates-bandes, plusieurs variétés vivaces, telles que les campanules, les œillets de poète, la giroflée, etc. On plante les muguets, et l'on découvre, quand le temps le permet, les jacinthes et les tulipes; on sème en bordure ou en pots la giroflée de Mahon, le pied d'alouette, le pavot, le réséda, enfin toutes les plantes qui réussissent difficilement à la transplantation.

On renouvelle plus fréquemment l'air dans les serres et les orangeries, parce que le soleil étant plus fort, échauffe fortement les vitrages qu'on a soin de découvrir pendant la journée. Comme par le passé, on nettoie les plantes des feuilles mortes qui les gênent et on les préserve des insectes qui pourraient les dévorer ; on arrose plus fréquemment et on peut introduire dans les appartements ordinaires des camélias en fleur, sans crainte qu'ils soient incommodés.

Dans ce mois-ci, la collection est plus complète ; on y trouve en assez grand nombre des Azalées, — Anémones (1), — des Bruyères du Cap, — des Clématites, — des Chèvres-feuilles, — Camélias de toutes nuances, — des Crocus de Hollande, — des Cyclamens, — diverses variétés de Cinéraires, — le Daphné, — Dauphin, — diverses variétés d'Erica, — la Giroflée simple jaune et rouge, — l'Héliotrope odorant d'hiver, — l'Hépatique rose, blanche et bleue, — le Jasmin blanc, — les Jacinthes de Paris, de Hollande et celles simples, — le Lierre, — le Lilas en fleur, — le Laurier, — les Marguerites blanches ou Pâquerettes, — le Mimosa, les Orangers en fleurs, — le Perce-neige, — la Primevère de la Chine, — les Rhododendrons, — les Rosiers du Bengale, — le Rosier pompon, — le Réséda, — les Tu-

---

(1) La collection de cette jolie plante est nombreuse, on peut, pour un amateur, en avoir plus de cent variétés. La collection est plus nombreuse encore ; j'en ai deux cents par noms et couleurs séparées.

lipes (1), — les Violettes de **Parme**, — celles des quatre saisons,— le Houblon et la Vigne vierge, etc.

MARS.

Légumes. — Tous les engrais doivent être rendus sur le terrain à fumer. On achève les labours et on met la première main aux grands travaux de l'année. On sème en pleine terre la plupart des graines, telles que carotte, betterave, choux rutabaga, pommes de terre, etc., etc. On sème sur couche les épinards, les radis et les raves, la romaine, la laitue, et la chicorée sauvage en bordure ou en planche. Vers la fin du mois on déchausse les artichauts, on laboure et on fume les asperges, et l'on met en place les porte-graines. On sème sur couche des plans de betteraves, soit champêtres, soit à manger ; ensuite, quand le mois de mai est arrivé, on les met en place, c'est-à-dire qu'on les repique, et ce mode de culture avance de beaucoup la maturité, et le produit est certain (2).

---

(1) La collection de tulipes hâtives est nombreuse, tant dans les simples que dans les doubles ; on peut également avoir en fleurs la tulipe monstrueuse ou *dragonne* qui, à cette époque, ferait un bel effet. Les tulipes fond blanc simples sont les plus recherchées. J'en possède une belle collection.

(2) Cependant beaucoup de cultivateurs préfèrent les semis en place ; je le conseille surtout dans les terres légères et peu profondes ; pour ces terres, la betterave-globe est très-productive et mérite d'être recommandée.

On plante l'ail, l'échalote, les oignons, et on sème la moutarde blanche en pleine terre ; on sème les prairies naturelles et toutes espèces de graminées. Il est très-utile d'approprier les espèces aux différents sols, afin d'obtenir de bons résultats.

ARBRES FRUITIERS. — On achève de planter les arbres fruitiers et l'on termine la taille des fruits à noyau. On greffe en fente, on plante et on provigne la vigne, on enlève le bois mort et on laboure ; on sème toutes les espèces de pins et tous les arbres et arbustes venant de graines.

FLEURS. — On termine les labours et les plantations de toutes les plantes vivaces. Le jardin est propre, les allées sont sablées, la verdure apparaît, on voit que le printemps approche, aussi active-t-on la plantation des fleurs précoces ; on sème en bordure et en plate-bande ; on découvre les jacinthes, les tulipes et les crocus ; mais on a soin de les abriter avec des paillassons contre les bourrasques et la fraîcheur des nuits. On met en place les griffes d'anémones et de renoncules, on renouvelle les bordures d'œillets nains ; on sème sur couche les fleurs qui sont susceptibles d'être repiquées, telles que balsamines, l'aster de Chine, **Phlox Drumondi**, réséda, reine-marguerite, etc. En pleine terre, les coquelicots, pavots, julienne de Mahon, pied d'alouette, silenne, etc., et l'on dégarnit les rosages qui ont été empaillés durant l'hiver.

Dans les orangeries on modère la chaleur, on arrose modérément et on prend garde aux coups de soleil. Les soins sont les mêmes que dans le mois passé.

Les azalées sont plus nombreuses et les amaryllis reginea, à fleurs pourpre, commencent à reparaître (1) ; les bruyères du Cap sont déjà meilleur marché ; les camélias blanc, rouge, panaché, etc., se montrent en abondance ; les cactus sont en fleurs. On remarque surtout des éricas de toutes les sortes, des cyclamens, des épacris et des giroflées jaunes, rouges et blanches de toute beauté.

La clématite et le chèvre-feuille sont entourés du jasmin blanc et du jasmin de Virginie. A côté, on remarque les héliotropes odorants et les jacinthes de Hollande et de Paris ; le houblon, le laurier-tin, les lilas en fleurs, le lierre, des mimosas de diverses espèces, des marguerites blanches, des oreilles d'ours, des primevères de Chine, la pulmonaire de Virginie, les rhododendrons, les rosiers du Bengale, les tulipes hâtives, les violettes de Parme et des quatre saisons, la vigne vierge, etc., etc.

AVRIL.

LÉGUMES. — On termine les travaux commencés

---

(1) La jolie collection des amaryllis mérite toute l'attention des amateurs. Mon oncle B. Tollard, mon prédécesseur, en avait, il y a déjà 20 ans, une belle collection, parmi lesquelles était l'amaryllis à fleurs vertes remarquable par sa couleur singulière. J'ai enrichi depuis ma collection de nouvelle variétés.

dans le mois précédent, et comme les fortes gelées ne sont plus à craindre, on plante en pleine terre choux-fleurs, épinards, ciboule, artichauts, etc. ; on continue également les semis de carottes, de pois, de haricots, de fèves, de céleri, de choux de Bruxelles, de choux Milan ; on s'occupe de toutes les plantes qui se multiplient par bouture. On bine et on arrose ; à dater de cette époque on sème des fournitures tous les quinze jours, si on ne veut pas en manquer dans le courant de l'été. On sème aussi les derniers melons, et l'on commence à planter les citrouilles sur les fumiers.

ARBRES FRUITIERS.—On continue à greffer en fente et l'on achève les semis d'amandes et de noyaux ; on ébourgeonne, on redresse les jeunes plantes ; et l'on veille à garantir des gelées tardives les espaliers en fleurs ; on échenille, on bine et l'on courbe ou l'on étête les rameaux du frambroisier.

On sème l'ajonc épineux, le genet, le pin sylvestre, maritime noir, d'Autriche, le laricio, le mélèze, l'épicéa, les acacias, enfin toutes les essences forestières.

FLEURS. — On sème et l'on repique les plantes vivaces et bisannuelles ; on nettoie les plates-bandes et les allées ; on fauche les massifs de gazon ; on sème les giroflées, les ipomées et toutes espèces de fleurs. On visite souvent et on arrose les dernières plantations ; on fait la guerre aux insectes et on met les plantes qui ont l'air de souffrir à l'abri d'un coup de soleil; surtout on arrose avec circonspection celles malades (1).

On cesse le feu dans les orangeries et dans les serres tempérées ; dans les serres chaudes on n'en fait que pendant la nuit. On marcotte et on bouture les plantes exotiques, et l'on greffe par approche. On donne de l'air à la serre tempérée pendant seulement quelques heures de la journée.

Dans ce mois les fleurs se multiplient : les azalées offrent un grand nombre de variétés. On voit les amaryllis à fleur rouge ; les bruyères sont plus belles : les camélias moins cher ; les cinéraires sont en quantité ; les cactus sont plus beaux ; les cyclamens, les crocus, les correas, les éricas sont plus nombreux. On voit apparaître les cobæas, les capucines, les haricots d'Espagne , les volubilis et les ipomées. On rencontre aussi quelques géraniums, l'héliotrope du Pérou et l'hortensia sans fleur. On rencontre également des hépatiques et des jonquilles, des narcisses jaunes doubles et des orangers en fleurs. On trouve aussi la pensée, le rosier du roi, le rosier jaune, le réséda, le thlaspi vivace. les pois de senteur et les tulipes hâtives.

On trouve encore une foule d'arbustes et de fleurs qui apparaissent sur le marché pour la première fois de l'année et tous les arbustes et les fleurs qui y figuraient déjà dès le mois précédent.

______

(1) Il est bon de les arroser avec l'eau saturée, comme je l'indique pour les plantes malades à la page 121.

7*

MAI.

Légumes. — On pousse avec activité tous les travaux de jardinage ; ce sont les mêmes que ceux du mois précédent ; par conséquent on achève de semer les betteraves qui doivent rester en place. On sème les carottes, le chou à grosses côtes, celui de Bruxelles, le brocoli, le chou-navet, le rutabaga, les aubergines, les tomates, les concombres, et les derniers melons ; on plante aussi les haricots de toutes les espèces, on repique la chicorée en pleine terre et on lie pour blanchir celle qui est assez avancée. Il en est de même pour la romaine. Ces plantes demandent à être arrosées. On sème les fraisiers de toutes les variétés sur couche. On pince la tête aux fèves et aux pois qui sont trop avancés. On repique les ciboules, l'estragon, le porreau et les tomates. On sème les maïs, les cardons et les navets ; et on plante les choux-fleurs vers la fin du mois.

Arbres fruitiers. — On palisse la vigne en treille et les arbres en espalier. On supprime aux arbres à fruit les branches gourmandes ; celles qui devaient porter des fruits et qui n'en auraient pas, on les remplace par d'autres branches garnies de fruits qui, recevant plus de sève, prennent bientôt plus de force ; on ébourgeonne et l'on chasse les insectes qui sont susceptibles de les attaquer. On arrose les arbres et les arbustes nouvellement plantés.

Fleurs. — On renouvelle les semis des fleurs annuelles faits le mois dernier. On achève de mettre en terre les collections de glaïeuls, d'anémones et de renoncules. Les jacinthes plantées dans les mois précédents commencent à fleurir. On continue les arrosements, et après le 15 on met en place les dahlias.

On ouvre les serres et on fait sortir toutes les plantes, à l'exception de celles souffrantes, des greffes, boutures et marcottes. On donne aussi de l'air à la serre chaude.

C'est dans le courant de ce mois que les fleurs arrivent en abondance et que les marchés sont garnis à profusion. On en rencontre des milliers de nouvelles, telles que l'aloès, l'aspérule odorante, le basilic fin-vert, le bouton d'or et d'argent, des convolvulus, des climenthus, la corbeille d'or, le fuchsia varié, le géranium rouge, la giroflée quarantaine (1), la belle de jour, le calcéolaire, l'iris d'Allemagne, la jacée à fleur double, l'héliotrope du Pérou, le magnolia grandiflora, le myrte en fleur, les narcisses blanc double, la pivoine en arbre, le mimulus musqué et autres variétés, le myosotis, la pervenche de Madagascar, la pivoine rouge, les rosiers pompon, les rhododendrons de pleine terre floraison naturelle, les lupins annuels et les verveines variées

On trouve aussi un grand nombre d'autres fleurs rares, toutes celles qui figuraient déjà dès le mois

---

(1) Nous en possédons plus de trente belles variétés que nous avons reçues de divers pays.

précédent, ainsi que les plantes grimpantes et les arbustes les plus variés, et des fraisiers avec fleurs et fruits dont les variétés sont très-augmentées.

JUIN.

Légumes. — On achève les semis commencés en mai, on plante les choux-fleurs et les choux Milan, les céleris pleins et les céleris raves, on met en terre les haricots de toute espèce, les pois ridés et les pois Clamart hâtif et tardif. On sème toutes les variétés de raves ; l'escarole, le pourpier doré et toutes les plantes qui servent de fourniture à la salade ; on sème pour l'automne les choux-fleurs d'hiver, les brocolis, les choux à grosse tête, le chou de Vaugirard, celui de Bruxelles. On plante le porreau et les derniers melons ; on continue les sarclages et les arrosements. On rentre les cloches, les panneaux, les paillassons et les châssis ; on plante le chou cavalier et celui branchu du Poitou.

Arbres fruitiers. — On sème encore l'acacia robinier, le cèdre, le thuya, le mélèze, le genevrier et tous les arbres verts qui n'auraient pas été mis en terre le mois précédent. On peut les repiquer tous et les transporter sans crainte, à condition de bien arroser. Il en est de même pour les magnolias. On pince les bourgeons et les branches gourmandes sur les espaliers ; on écussonne à œil poussant ; on greffe en terre ; on palisse et on donne à la vigne les soins que nécessite l'état de la végétation ; on continue à biner, à sarcler et à arroser.

Fleurs. — C'est dans ce mois que l'on s'occupe de greffer les rosiers, de planter les griffes d'anémones et de renouveler le parterre pour les floraisons tardives. On arrose les arbustes plantés dans l'année, on coupe le bois mort et les gourmands ; on bine et on sarcle comme par le passé. On arrose les orangers et les boutures des plantes de serre, etc.

L'abondance continue à régner sur les marchés ; on y remarque beaucoup de fleurs qui n'avaient point encore paru, et de nombreuses variétés de celles que nous connaissons déjà. Nous voyons plusieurs variétés d'ancolies ; l'adonis d'été, l'aconit du Népaul, l'aubergine blanche (plante aux œufs), l'amarante à crête, le lys blanc et orangé, le lys martagon rouge, la croix de Jérusalem, diverses variétés de campanules, des dahlias variés, des glaïeuls, des gloxinias, des hortensias, des lauriers-roses, des mufliers, le noyer des Indes, les nigelles de Damas, des œillets de poëte, l'œillet de Chine (1), l'œillet des fleuristes, l'œillet flamand, le pétunia blanc et violet, le phlox, le poylgala, le rhodanthes Manglesii, et plusieurs variétés de renoncules (2) ; la véronique à épis, etc., et

---

(1) L'œillet de la Chine à feuilles d'œillet de poëte, est une variété charmante. Nous en avons beaucoup d'autres belles variétés.

(2) La collection de renoncules est fort nombreuse ; cette jolie fleur fait un superbe effet ; il y en a trois cents variétés par noms et couleurs séparées.

presque toutes les fleurs qui figuraient le mois dernier.

En fait de plantes grimpantes, plusieurs ont disparu ; et comme nouveauté, nous n'avons à signaler que les passiflores bleues.

JUILLET.

LÉGUMES. — On effectue dans le courant de ce mois les derniers semis pour l'automne. On plante des haricots, des pois et des fèves pour manger en vert et on termine les plantations qui n'auraient pu être faites dans le courant du mois précédent. On s'occupe de nouveaux semis d'oignons, de scorsonères et de porreaux pour l'hiver ; on butte le céleri et on lie les chicorées et les escaroles pour les faire blanchir. On sème les radis noirs et les choux-fleurs d'hiver ; on sème aussi les choux pommes qu'on repique sur côtière où ils passent l'hiver. On surveille les porte-graines et on arrachent l'ail et les échalotes.

ARBRES FRUITIERS. — On commence vers la fin du mois à écussonner à œil dormant ; on s'occupe des sujets précédemment greffés ; on soigne les arbres garnis de fruits dont la maturité approche, on arrose au pied ou on asperge le fruit selon que la température est plus ou moins brûlante ; on ébourgeonne et on étaye les branches trop chargées de fruits.

FLEURS. — On peut encore semer la giroflée de Mahon, les belles de jour, la cynoglosse, la silène, les

œillets de poëte, les campanules et les roses trémières.
On soigne les pépinières de fleurs destinées à être
mises en place l'automne. Vers la fin du mois on
transplante en pleine terre les asters, les balsamines,
et on fait de nouveaux semis de plantes annuelles.

On arrose modérément les boutures de toutes les
plantes grasses : telles que cactus, etc., on les laisse à
l'air libre ; on entretient un feu très-doux dans les
serres chaudes et humides ; on dirige avec art et précaution les plantes grimpantes, et on commence à arracher les oignons à fleurs tels que jacinthes, tulipes, etc.

Les marchés sont abondamment garnis et plusieurs
fleurs nouvelles viennent prendre place à côté de
celles que nous avons précédemment nommées ; ce sont:
le jasmin-jonquille, les aster alpinus, plusieurs variétés de cactus, des croix de Jérusalem à fleur doubles, la digitale pourprée, des fuchsias variés, des
giroflées de diverses nuances, diverses espèces de
glaïeul (1), la nigelle des damas, le polygala speciosa,
le pétunia blanc et violet, la glaciale, l'agapanthe
tubéreuse bleue, le lantana, la matricaire mendiane,
la primevère de la Chine, plusieurs rosiers remon-
tants, le seneçon des Indes, la verge d'or, le zennia
élégant, la sensitive, etc., et presque toutes celles que

---

(1) La riche collection des glaïeuls sera incessamment aagmentée
par les nouveautés qu'obtiennent les horticulteurs français et étrangers.
Nous en possédons plus de cent variétés.

Les sparaxis sont aussi de très-jolies fleurs de la même famille.

Les ixias méritent encore l'attention des amateurs.

nous avons admirées le mois dernier. Comme plantes grimpantes, il ne reste plus que quelques cobæas et capucines, des clématites. des volubilis et des passiflores bleues, des ipomées de plusieurs belles variétés.

AOUT.

Légumes. — On est plutôt préoccupé de la récolte des graines que des soins à donner aux plantes qui sont en terre ; cependant on bine et on arrose copieusement, surtout le céleri ; on sarcle et l'on repique les fraises. On met en terre les derniers haricots et les fèves que l'on destine à être mangés en vert. On sème la laitue de la Passion, l'oignon blanc, le porreau, les choux d'York et pain de sucre, le chou pommé quintal, etc., et la chicoré que l'on replante plus tard sur côtière. On sème des mâches pour l'hiver, des carottes pour le printemps ; des navets, des épinards et du cerfeuil pour toute saison. On sème aussi des salsifis et des scorsonères, du persil et du cresson. On active par des engrais stimulants les choux-fleurs que l'on désire récolter avant l'hiver.

Arbres fruitiers. — Il faut avoir soin de ne pas laisser se perdre les graines qui se détachent des arbres à cette époque de l'année, à moins qu'on ne tienne pas à les utiliser ; dans le cas contraire, on les récolte avec soin et, à l'imitation de la nature, qui ne les conserve que dans le sol, on les répand immédiatement sur les endroits qu'on désire repeupler (1); on continue d'écussonner à œil dormant; on pince et on ébourgeonne; on palisse et on donne aux fruits le plus de soleil possible afin d'augmenter leur saveur et d'activer leur maturité.

Fleurs.— On s'occupe activement du marcotage des œillets, de mettre en place les collections des plantes bulbeuses. Les reines-marguerites, les œillets d'Inde; les balsamines et toutes les fleurs annuelles d'automne, doivent être levées en motte et mise en place le plus tôt possible. On arrose, on bine et l'on sarcle; on sèvre les marcottes d'œillet qui sont assez aavncées pour être mises en pots ou en pleine terre. On sème en place les adonis, les pieds d'a-ouette, les thelaspis, les coquelicots, les pavots, etc. On sème aussi les quarantaines pour repiquer. On continue à arracher les oignons de jacinthes, tulipes, crocus, etc., on plante les crocus safran et autres en serre et en pleine terre, on s'occupe de rempoter les plantes qui doivent prendre racine avant l'hiver.

Jardins toujours très-bien garnis; on remarque dans toutes leurs beautés les aloës, les asters alpinus, les agapantes tubéreuses bleues, les amaryllis belladone, les amarantes à crête, les achimènes, les balsamines, les belles de jour et de nuit les basilics, les cinérai-

---

(1) Pour bien connaître les époques des semis de graines d'arbres en général, il faut remarquer l'époque de leur maturité; de même pour les arbres verts et résineux.

res (1), les calcéolaires (2), les cactus, les dahlias, les éricas, la digitale pourpre, les glaïeuls, les giroflées grecques blanches, le jasmin d'Espagne, des Açores et celui jonquille; le lobelia fulgens, le malope à grandes fleurs, le mimosa lophanta, les grandes roses trémières et plusieurs autres variétés, la sensitive et des verveines variées (3).

Les plantes grimpantes ont disparu du marché.

SEPTEMBRE.

LÉGUMES.— On continue les semis du mois passé, tels que oignon blanc, choux de toutes espèces, etc., radis, mâches, laitue d'hiver et toutes les fournitures; on sème le rutabaga.

On laboure les couches, on commence à faire des champignonnières; on plante des laitues et des porreaux; on lie, pour blanchir, la chicorée et l'escarole. On butte les céleris; on empaille les cardons pour les faire blanchir, et on surveille avec soin la récolte des graines.

ARBRES FRUITIERS.— On continuera à donner des

---

(1) La jolie collection de cinéraires que nous possédons est très-variée. Les belles espèces ne se trouvent pas dans nos marchés.

(2) Nous avons également une collection très-complète de calcéolaires. Nous pouvons les fournir par couleurs séparées.

(3) N'oublions pas les asters, un des principaux ornements de nos jardins, surtout l'aster sinensis pyramidal (reine-marguerite pyramidale). Nous la possédons en quarante belles variétés en couleurs séparées; nous citerons surtout l'aster pivoine au port majestueux.

soins aux fruits pour activer la maturation. On préserve des insectes ceux que l'on désire conserver ; on retranche les branches gourmandes et on achève de greffer ; on bine et l'on sarcle, on palisse et l'on pince les pousses qui sont par trop vigoureuses.

FLEURS.— On arrose assez fréquemment les semis et les plantes en fleurs. On sème encore des anémones, des renoncules et des quarantaines pour repiquer sur côtière ou dans des lieux abrités. On lève des violettes de Parme et des quatre saisons ; on éclate les touffes et on repique en bordure ou en platesbandes abritées des vents du nord et exposées au midi : c'est le moyen de récolter des fleurs pendant l'hiver. On soigne les dahlias.

Dans les serres on continue le rempotage et on commence à rentrer les plantes de serre chaude.

Les fleurs sont nombreuses mais moins variées. On trouve encore des aloës fort remarquables, des asters amellus, bicolor, puniceus ; quelques variétés d'amaryllis, des bruyères du Cap, des campanules pyramidales, des cinéraires, des dahlias (1), de nombreuses variétés d'éricas, des ficoïdes, des glaïeuls de toutes sortes, des grenadiers, des hortensias, des héliotropes, des lilianes lancifolium, des lauriers, des mimosas, des marguerites blanches, des œillets en fleurs, des pervenches de Madagascar, des primevè-

---

(1) La collection des dalhias s'enrichit chaque jour. Nous pouvons offrir toutes les nouveautés.

res de la Chine, des balsamines, etc. (1), et une foule d'autres fleurs qui figuraient le mois dernier.

On trouve des arbustes en pots, tels que la vigne avec fruit, le buisson ardent (néflier pyracantha), le pommier nain chargé de fruits; et comme arbrisseau à feuillage vert, on trouve le cyprès, le laurier amande, l'aucubas, etc.

OCTOBRE.

Légumes.— On commence à repiquer sur côtières les choux pommes et d'York, etc., l'oignon blanc, les choux-fleurs, la laitue Passion et la laitue petite noire. On plante des œilletons de diverses plantes. On débarrasse les artichauts des débris des vieilles tiges; on nettoie les carrés d'asperges des tiges que l'on coupe à raz terre; on donne un léger labour, puis on sème la laitue gotte, et la romaine hâtive sur couche et sous cloche. On sème aussi cerfeuil, mâches, épinards et cresson alénois. On plante l'ail et l'échalote, on commence même à mettre en terre les pois Michaud; on s'occupe à faire blanchir le céleri, l'escarole, la chicorée et les cardons. On continue à établir des meules à champignons et l'on songe à chauffer les asperges vertes.

Arbres fruitiers.— Les arbres étant dépourvus de leurs feuilles, on songe déjà à préparer les terres pour les plantations; on fait les fosses qu'on laisse

---

(1) Nous avons vingt-quatre belles variétés de balsamines par couleurs séparées. La plus distinguée de toutes est la balsamine camélia,

exposées à l'air et aux gelées ; le plant qu'on y mettra n'en viendra que mieux. On procède à la cueillette des fruits et à leur conservation, soit sur la tige, soit dans le fruitier.

Fleurs. — C'est le moment de commencer à déplanter et à replanter les arbrisseaux, les oignons ou les racines et les tiges qu'on avait résolu de placer ailleurs. Les dahlias sont en pleine floraison. Il en est de même des asters vivaces, des giroflées de Mahon, des résédas, des roses du Bengale ; mais bientôt les tiges se dégarnissent, et alors il faut de suite les couper au niveau du sol. Les chrysanthèmes commencent à fleurir, et bien que les gelées approchent, on plante les jacinthes, les tulipes, les anémones, les renoncules et les autres oignons en pleine terre. C'est le meilleur moment pour planter les oignons à fleurs qui peuvent passer l'hiver en pleine terre, tels que le lys, etc.

On rentre dans les serres tous les arbrisseaux, tels qu'orangers, grenadiers, lauriers-roses, etc. Il en est de même des fleurs ; on arrose peu, et l'on couvre les vitres de paillassons pendant la nuit. On commence à arracher les glaïeuls tardifs.

Les serres et les jardins sont moins garnis ; cependant on remarque presque toutes les fleurs du mois dernier, plus des chrysanthèmes (1) et quelques camé-

---

(1) La collection de cette belle fleur d'automne est nombreuse ; nous en possédons cent variétés par noms et couleurs séparées, parmi lesquelles se trouve la chrysanthème pompon, charmante nouveauté. C'est à M. le baron de Salomon qui, depuis 1830, s'occupe de floriculture, que nous devons une partie de cette riche collection.

lias blancs. Plusieurs variétés d'aster, de dahlias, des daphnés-dauphins et un grand nombre d'espèces d'éricas ; des épacris, des fuchsias, des grenadiers, des géranium rouges et variés, des héliotropes, des jasmins d'Espagne, des lauriers-roses, des lantanas, des lauriers-tin, des œillets en fleurs, des pensées, du réséda, des reines-marguerites et des orangers fleuris ; on trouve cinq ou six variétés de rosiers tout en fleurs, des véroniques spéciosa et des verveines de diverses nuances.

On trouve les mêmes arbustes en pot que le mois dernier. Comme arbrisseaux verts, on trouve aussi les mêmes, plus le thuya.

NOVEMBRE.

Légumes. — On laboure et l'on fume toutes les terres disponibles. On peut, si la saison le permet, planter les choux d'York et les cabus précoces. On sème les pois michaud hâtif à une exposition chaude, et l'on prépare activement les couches qui doivent recevoir les primeurs (1). On sème des asperges et des panais ; on butte les artichauts et le céleri, et on arrache, pour les mettre dans la *serre à légumes,* toutes les plantes qui auraient à craindre la gelée. On met en jauge les

---

(1) Nous avons une nouvelle et excellente espèce de pois mange-tout nain, très-sucrée, aussi hâtif que le pois michaud de Hollande ; il peut être semé dans ce mois et les suivants. Nous le recommandons pour sa précocité et sa bonté.

choux pommés : c'est le moyen de les conserver une grande partie de l'hiver. Il en est de même de la ciboule, si on veut en avoir jusqu'à la belle saison. On conserve aussi les choux-fleurs, après les avoir coupés, dépouillés de leurs grandes feuilles, et suspendus, avec une ficelle attachée au pied, au plafond d'un cellier. Si la gelée menace, on recouvre tous les repiquages faits sur côtières avec des pailles ou une litière de cheval peu décomposée; on pose les châssis sur les planches des fraisiers des quatre saisons; on sème les concombres en petits pots, sur couche et sous châssis, et l'on sème sur des couches tièdes des radis bâtifs.

ARBRES FRUITIERS. — On commence à tailler les arbres à fruit à pépins dont la végétation aurait laissé à désirer; on arrache les arbres morts et on prépare la fosse pour recevoir ceux de remplacement; on panse les blessures de ceux qui souffrent, et on procède à la plantation dans les terres légères. Dans le sol argileux il faut dégarnir légèrement les pieds des arbres.

FLEURS. — On ramasse avec soin les feuilles qui tombent, ou les mêle à du fumier chaud, pour en recouvrir les plantes qui craignent le froid; on arrache les plantes vivaces dont les fleurs sont passées, on en replante immédiatement d'autres pour avoir des fleurs dès le printemps. On dédouble les pieds trop chargés des phlox et des hélicantes; on recèpe les rosiers du Bengale; on met en terre les oignons de jacinthes, de tulipes et de narcisses, crocus d'iris, futillaire, etc.

On les plante de suite en pots dans les serres jardinières, etc. ; il en est de même des crocus, de tulipes hâtives, celles à fond blanc tardives, de collection, se plantent en pleine terre ; on récolte les tubercules de dahlias. On continue à planter en pleine terre les lys blancs et Martagon, enfin tous ceux qui peuvent supporter l'hiver.

Quand il fait trop froid, on allume un peu de feu dans les orangeries ; à l'abri de cette douce température, la floraison d'hiver ne va pas tarder à commencer. On asperge légèrement et souvent les feuilles des camélias, et l'on renouvelle l'air le plus souvent possible.

On trouve sur les marchés moins de fleurs et plus d'arbrisseaux. Comme fleurs, il y a encore des asters grandiflorus, des bruyères du Cap, des chrysanthèmes, des camélias blancs et panachés (1), des éricas de différentes espèces, des grenadiers, des héliotropes, des jacinthes, des jasmins, des jonquilles, les lauriertin, des marguerites blanches, des narcisses de Constantinople, des œillets et des orangers en fleurs, des pensées, des résédas et des rosiers fleuris.

En plantes grimpantes, on trouve l'aristoloche en pot, la clématite, le chèvre-feuille et la vigne vierge.

En arbrisseaux à feuillage vert, il y a des cèdres de Virginie, des épicéas, des ifs, des romarins, des thuyas, des rhododendrons et diverses variétés de pins.

---

(1) Ce charmant arbuste, l'ornement de nos jardins et de nos serres, compte plus de trois cents variétés par noms et couleurs.

DÉCEMBRE.

Légumes. — On plante sur couche des choux-
fleurs, des laitues et des romaines; on repique les
pois de primeurs semés dans le mois précédent; on
sème aussi sur couche les haricots que l'on repiquera
plus tard; on sème la laitue crêpée, les carottes, le
panais, le persil, les épinards, le céleri, la chicorée,
le tout sur couche ou dans des endroits à l'abri
de la gelée. On sème en pot les melons, et sur couche
les radis; on continue à forcer les asperges en pleine
terre et à planter sur couche tous les quinzes jours
les fraisiers des quatre saisons qui sont sous châssis,
on les entoure de fumier chaud dans une tranchée
creusée autour; c'est le moyen d'avoir du fruit de
bonne heure.

En pleine terre, il n'y a rien à faire, si ce n'est
qu'à bécher, à fumer et à préparer le sol pour recevoir plus tard les plantes et les semences.

Arbres fruitiers. — On continue à tailler et à
planter; cependant les arbres trop vigoureux ne doivent être taillés qu'en février; les arbres à fruits à
noyaux ne doivent aussi être taillés que quand les
fortes gelées ne sont plus à redouter. On laboure aux
pieds, on y dépose des engrais et on nettoie les tiges.
Les arbres verts ne doivent, eux, être plantés qu'en
mars, avril et mai.

Fleurs. — On taille les rosiers, on soigne les violettes, les perce-neige et les ellébores; on continue à planter les collections d'oignons à fleurs, comme dans le mois précédent.

On entretient soigneusement la serre chaude à une température de 10 à 20 degrés, et on renouvelle l'air quand on le croit utile.

Dans ce mois, qui est le dernier de l'année, et presque toujours le plus rigoureux de tous, on voit néanmoins figurer sur les marchés de fort belles collections de fleurs, telles que camélias de toutes les nuances, bruyères, chrysanthèmes, daphné, éricas, fuchsias (1), grenadiers, géranium, héliotrope, girofflée jaune et rouge, le jasmin d'Espagne, le jasmin jonquille, des jacinthes blanches, des œillets en fleurs, des thlaspi vivaces, des primevères, des renoncules et des orangers fleuris. On trouve aussi des rosiers, des violettes de Parme et des pensées.

On voit même apparaître des tulipes hâtives, des azalées et des lilas en fleurs.

Les arbrisseaux verts sont les mêmes que dans le mois précédent; en plantes grimpantes, nous avons, de plus, le houblon et le jasmin blanc.

---

(1) La collection des fuchsias s'enrichit chaque jour de variétés nouvelles.

SORGHO A SUCRE.

(HOLCUS SACCHARATUS.)

Introduite en France par M. de Montigny, consul de France à Shanang-Hi, cette plante précieuse semble appelée par la Providence à venir réparer les désastres faits par la maladie de la vigne, et remplacer le vin par l'alcool, puisqu'elle peut donner 50 pour 0/0 en jus sucré, et ce jus, d'après le rapport de savants chimistes, contient 20 pour 0/0 de sucre et donnera l'alcool absolu; elle mérite tout l'encouragement possible et les bons exemples des riches pour sa culture dans le Midi. On sème la graine en février, à la mi-avril; on la cultive comme le maïs. Cette plante a beaucoup de rapport avec l'autre sorgho; on les place à 30 centimètres de distance les uns des autres. Les lignes espacées de 75 à 80 centimètres; on les bine deux fois; il est utile, dans les terres sablonneuses, de les arroser jusqu'à la fin de juillet; on peut donner la graine aux volailles, après l'avoir fait moudre. M. le comte de Beauregard, dans son rapport à la Société du comice agricole de Toulon, séance du 7 novembre 1854, dit avoir obtenu sur un hectare, 30,000 kilos de cannes dépouillées de leurs feuilles, qui, distillées, lui ont donné 16,000 litres de vezo, lesquels ont donné 5 pour 0/0 d'alcool absolu du meilleur goût.

Comme dans toutes les graminées, la richesse saccharine de la tige va en décroissant de la base au sommet. Aux cultivateurs connaisseurs, il est inutile de recommander de ne laisser aucune herbe parasite et de bien cultiver et sarcler. Je possède de la graine de cette précieuse plante.

DIOSCOREA JAPONICA. — Patate du Japon, tubercule qui sera précieux, si, comme on l'espère et fait espérer, il remplace la précieuse et excellente pomme de terre, plante qui est aussi attaquée comme la vigne : c'est la même maladie. Hélas ! le mot *pomme de terre* rappelle les souvenirs des mauvais jours de **1793**, où le vertueux Louis **XVI**, ami du pauvre et protecteur de l'agriculture, et son infortunée épouse, accusés de vouloir empoisonner le peuple avec des pommes de terre (1), voulut en venir manger publiquement avec

---

(1) Le roi, qui savait quelle ressource la divine Providence avait mise entre ses mains, ordonna à M. Parmentier de faire cultiver les pommes de terre, et lui-même portait la fleur de ce pain du pauvre à sa boutonnière, comme marque d'encouragement. Il ordonna que l'on en plantât dans les jardins des palais royaux ; et, sachant combien le fruit défendu est préférable, il fit mettre des sentinelles pour garder les pommes de terre, avec l'ordre de les garder de manière à les laisser prendre ! ! ! Parmentier faillit être guillotiné comme complice du roi, et pour ce bienfait, l'auguste monarque et ses frères reçurent le nom de *mangeurs de pommes de terre* ! ! !

toute son auguste et infortunée famille!! Mais les exploiteurs du peuple de ce temps néfaste dirent qu'il prenait le contrepoison chez lui!! Ne l'a-t-on point aussi accusé, ce pieux et loyal roi, traité d'ivrogne!!! Oh! on s'arrête épouvanté! on n'ose faire des réflexions!!! Justice divine, vous êtes impénétrable! Nous espérons avec confiance qu'aux jours de votre justice succèderont ceux de votre miséricorde!

DU CHOLÉRA ASIATIQUE

ET

des causes de la maladie de la vigne et des pommes de terre.

Les corps humains vivent comme les plantes, par la même raison le choléra asiatique est un amas d'insectes très-imperceptibles à l'œil et au microscope, qui, arrivant avec l'air que nous respirons, tuent les corps qui souvent semblent les plus forts, surtout quand ils sont bilieux et engorgés.

Ce fléau, qui commença sur les hommes en 1832, et qui se manifesta en 1846 sur les pommes de terre, et ensuite sur la vigne, est le même.

Il faut aussi l'attribuer au trop grand déboisement.

J'ai étudié la maladie de la pomme de terre et de la vigne autant que mes faibles facultés me l'ont permis, et, à force d'expériences, j'ai découvert que c'était un insecte qui s'inoculait dans la pomme de terre par la feuille. J'ai découvert avec une loupe une grande quantité d'insectes jaunâtres et noirs qui courent sur les feuilles et les rongent en y entrant par les pores des feuilles et y déposant une quantité innombrable d'œufs qui y éclosent et étouffent la vigne. Telle en est la cause.

Pour les pommes de terre, les symptômes sont les mêmes; seulement, au lieu de voir courir rapidement l'insecte sur la feuille, puis y entrer, après avoir atteint l'épiderme il s'enfonce dans la pomme de terre, et parfois, quand la maladie est forte, c'est-à-dire quand la quantité des insectes est grande, la pomme de terre durcit par la cristallation de cette quantité d'insectes, ce qui fait que cela ressemble à un champignon.

En novembre 1846, j'eus l'honneur d'aller voir M. le Ministre de l'agriculture. Je lui exposai le motif de la maladie; mais M. le Ministre me répondit en me demandant si j'étais chimiste. Je lui répondis que j'étais agriculteur, et que l'amour d'être utile à mon pays m'avait fait rechercher les causes de cette maladie, et les moyens de pouvoir arriver à l'éviter; qu'avec la plus forte loupe que j'avais pu trouver j'avais découvert que c'était un insecte. Mais, me dit M. Cunin-Gridaine, comment pouvez-vous voir que c'est un insecte, quand les premiers chimistes de France et de l'étranger s'accordent à dire que c'est un champignon? Il est vrai, monsieur le Ministre, répondis-je, que l'on peut voir un champignon, je l'ai vu également; mais le champignon ne paraît jamais que quand il y a décomposition, et pour que la décomposition arrive, il faut qu'il y ait cause première, et la cause c'est l'insecte. Du reste, l'Écriture-Sainte ne dit-elle pas elle-même : « Le ver rongeur qui ronge le fer! » Et certes, de tout temps, il y a eu des observateurs et des savants, et l'on ne peut découvrir avec un microscope ce que l'on découvre avec une bonne loupe, car on ne peut suivre pendant plusieurs heures sur les pores des feuilles, la marche de l'insecte que l'on ne découvre quelquefois qu'après bien du temps. Je n'étais pas chimiste, je suis Français, je ne fus pas écouté.

Je fus bien surpris quand, il y a deux ans, je vis que les journaux français rapportaient qu'un **Anglais** venait de découvrir que la maladie de la pomme de terre était un insecte. La nouvelle un peu vieille (de six ans au moins) venait d'Angleterre; on dut en parler, elle avait l'avantage d'avoir passé la mer.

En outre du remède que je crois utile à apporter pour la guérison de la vigne et des pommes de terre, indiqué dans mon petit opuscule de la *Maladie des pommes de terre*, je crois qu'il serait utile, si la maladie est trop forte dans les pommes de terre, de couper les feuilles; mais avant il faut, pour éviter de les couper, prendre : 1 kil. sulfate de fer, 500 gr. sulfate de chaux, 3 kil. sel, 150 gr. camphre, **40 à 50** litres d'eau, ensuite seringuer la vigne avec une pompe à fleurs, ou tout autre moyen d'arrosement, et faire de même pour les pommes de terre (on fera bien de ne mettre fondre le camphre que quand le sel sera dissous).

Si la dose n'est pas assez forte, il faudra recommencer; du reste, ces arrosements sont excellents pour les froments malades et autres plantes.

Nous conseillons aux laboureurs qui ont des foins à rentrer par des temps humides , de mettre du sel à chaque lit de foin, afin d'empêcher par là qu'il ne s'échauffe et se gâte ; de même pour les autres denrées, et surtout les marsages.

Le gouvernement ferait un bien immense à l'agriculture en donnant le sel aux laboureurs : il pourrait auparavant le rendre impropre au commerce. La Providence semble nous avoir prodigué le sel pour en faire un bon et fréquent usage. Du reste, ce ne serait qu'une avance à faire, car l'agriculteur, riche , payerait bien plus facilement ses impôts.

Pour prouver ce que j'avance, que les miasmes ne sont que des insectes, voici un exemple bien simple : prenez de la terre sèche et sans fumier, mettez-la audessus d'une mare infectée, et dans quinze jours vous la verrez remplie d'insectes de tous genres. Une autre preuve encore, c'est que le choléra arrive avec impétuosité dans de certaines contrées, comme des coups de vent très-violents. Il serait bon d'avoir des herbes aromatiques fortes, qui purifieraient et renouvelleraient l'air ; il faut surtout avoir bien soin de se purifier le sang par des purgations et des tisanes de plantes amères , mais cela avant que la maladie ne soit dans le pays. Je ne puis trop recommander l'étude des simples, et d'avoir dans ses jardins des plantes aromatiques et médicinales.

Quand j'avance que je pense que c'est au déboisement très-considérable des forêts que nous devons

ıant d'épidémies, j'en donne la preuve, car, partout
où il y a de grands lacs entourés de forêts, l'eau
stagnante ne se corrompt pas ; mais là, au contraire,
où l'eau est stagnante et à l'air, elle se corrompt et
répand des miasmes infects et nuisibles, surtout
dans les pays chauds.

TABLE.

Mes jardins d'expériences horticoles sont à Auteuil, près Paris, rue du
Chemin-Vert, 6, *extra muros*, et rue de la Municipalité, 6, *intra
muros*, donnant d'un bout rue Boileau, 35.

Typ. VINCHON, rue J. J. Rousseau, 8.

DE LA GUÉRISON DES POMMES DE [TERRE]

OU CONSEILS D'UN AGRICULTEUR A SES CONFRÈRES